产品创新与设计思维

吴 磊 著

云南出版集团公司
云南科技出版社
·昆明·

图书在版编目（CIP）数据

产品创新与设计思维 / 吴磊著. -- 昆明 : 云南科技出版社, 2017.10（2021.9重印）

ISBN 978-7-5587-0897-8

Ⅰ. ①产… Ⅱ. ①吴… Ⅲ. ①产品设计 Ⅳ. ①TB472

中国版本图书馆 CIP 数据核字(2017)第 263097 号

产品创新与设计思维

吴磊 著

责任编辑：王建明 蒋朋美
责任校对：张舒园
责任印制：蒋丽芬
封面设计：张明亮

书 号：978-7-5587-0897-8
印 刷：长春市墨尊文化传媒有限公司
开 本：787mm×1092mm 1 / 16
印 张：12.25
字 数：200千字
版 次：2020年8月第1版 2021年9月第2次印刷
定 价：65.00元

出版发行：云南出版集团公司云南科技出版社
地址：昆明市环城西路609号
网址：http://www.ynkjph.com/
电话：0871-64190889

前　言

每个人的思维水平高低不一，是因为每一个人在考虑问题的时候都不可能很全面，总会产生思维盲点。与技能的训练一样，思维的创新能力也可以有意识地去培养。人的大脑需要不断开发，通过开发训练大脑思维潜能，达到培养提高人的开放能力、创新能力和创造能力的目的。

思维人人都有，然而大家的思维水平却高低不一，总会产生思维盲点。我们的大脑需要不断开发，通过开发训练大脑思维潜能，达到培养提高人的开放能力、创新能力和创造能力的目的。创意始终依赖于设计者的创造性联想。联想是创意的关键，是创新思维的基础。那么，什么是联想呢？它是指因一事物而想起与之有关事物的思想活动；由于某人或某种事物而想起其他相关的人或事物；由某一概念而引起其他相关的概念。联想是暂时神经联系的复活，它是事物之间联系和关系的反映。各种不同的事物在头脑中所形成的信息会以不同的方式达成暂时的联系，这种联系正是联想的桥梁，从而可以找出表面上毫无关系，甚至相隔遥远的事物之间的内在关联性。例如，我们由点可以联想到线、再由线联想到面和体，甚至空间。就产品设计而言，通过联想可以拓展创新思维的天地，使无形的概念向有形的产品转化，然后创造出新的形象。

想象是比联想更为复杂的一种心理活动，是人通过大脑提取记忆中的材料进行加工改造，并产生新的形象的心理过程。它可以是没有预定目的和计划的，就像做梦一样；也可以是有预定目的、自觉地进行的想象。它是人类对客观事物特有的一种反映形式，能打破时间和空间的束缚，可谓天马行空。但想象归根到底还是来源于生活，客观现实中的各种启示激发出无穷的创意，它对我们进行创造性的思维活动有十分重要的作用，能有力推动我们创新思维的发展。尽管想象可以不符合客观现实的逻辑，但是在产品设计中，它都要按照设计的目的和要求去运动，在构思中，不论想象如何奇特和自由，都不能脱离表达主题思想这个基本要求。

产品设计的过程可以看作是发现问题、分析问题和解决问题的过程，它通过物的载体借助于一种美好的形态来满足人们的物质或精神的需要。而创新思维是一种全方位的思维形式，能够引导人们从不同的角度、不同的层面去思考问题，从而突破思维定势，激发设计灵感，进而使人们考虑问题更为全面。所以，创新思维的培养有助于提高设计能力。

目 录

第一章 创意与创新思维

第一节 创新与创意的定义

一、创新

创新是指以现有的思维模式提出有别于常规或常人思路的见解为导向，利用现有的知识和物质，在特定的环境中，本着理想化需要或为满足社会需求，而改进或创造原来不存在或不完善的事物、方法、元素、路径、环境，并能获得一定有益效果的行为。创新是以新思维、新发明和新描述为特征的一种概念化过程。其起源于拉丁语，有三层含义：第一，更新；第二，创造新的东西；第三，改变。

创新是人类特有的认识能力和实践能力，是人类主观能动性的高级表现，是推动民族进步和社会发展的不竭动力。一个民族要想走在时代前列，就一刻也不能没有创新思维，一刻也不能停止各种创新。创新在经济、技术、社会学以及建筑学等领域的研究中举足轻重。从本质上说，创新是创新思维蓝图的外化、物化。

创新号是代表创新的符号，类似于人民币有“¥”号、等于有“=”等号一样的意思又可以应用于提示创新、发明创造、思维训练等等；创新号属于没有定势的符号，创新号的后面没有标准答案，只有合理或能被大部分人认可或经得起实验的解！

创新从哲学上说是人的实践行为，是人类对于发现的再创造，是对于物质世界矛盾的利用再创造。人类通过对物质世界的再创造，制造新的矛盾关系，形成新的物质形态。

创意是创新的特定形态，意识的新发展是人对于自我的创新。发现与创新构成人类相对于物质世界的解放，是人类自我创造及发展的核心矛盾关系。其代表两个不同的创造性行为。只有对于发现的否定性再创造才是人类创新发展的基点。实践是创新的根本所在。创新的无限性在于物质世界的无限性。

（一）创新的哲学要点

1. 物质的发展。物质形态对于我们来说是具体矛盾。我们认识的宇宙与哲学的宇宙在哲学上代表了实践的范畴与意识的范畴两个不同的含义。创新就是创造对于实践范畴的新事物。任何有限的存在都是可以无限再创造的。

2. 矛盾是创新的核心。矛盾是物质的本质与形式的统一。物质的具体存在与存在本身是矛盾的。

3. 人是自我创新的结果。人以创新创造出人对于自然的否定性发展。此是人超越自然达成自觉自我的基本路径。人的内在自觉与外在自发构成内在必然与外在必然的差异。创新就是人的自我否定性发展！

4. 创新是人自我发展的基本途径。创新与积累行为构成一个矛盾发展过程。创新是对于重复、简单方式的否定，是对于人类实践范畴的超越。新的创造方式创造新的自我！

5. 认识论认为创新是自我意识的发展。自我意识的发展是自我存在的矛盾面，其发展必然推动自我行为的发展，推动自我生命的成长。

从认识的角度来说，就是更有广度、深度地观察和思考世界；从实践的角度说，就是能将这种认识作为一种日常习惯贯穿于具体实践活动中。创新是无限的。

从辩证法的角度说，它包括肯定和否定两个方面，从而也就包括肯定之否定与否定之肯定。前者是从认同到批判的暂时过程，而后者是一种自我批判的永恒阶段。所以创新从这个角度来说就是一种“怀疑”，是永无止境的。

创新是指人们为了发展需要，运用已知的信息和条件，突破常规，发现或产生某种新颖、独特的有价值的新事物、新思想的活动。

创新的本质是突破，即突破旧的思维定势，旧的常规戒律。创新活动的核心是“新”，它或者是产品的结构、性能和外部特征的变革，或者是造型设计、内容的表现形式和手段的创造，或者是内容的丰富和完善。

创新的定义：创新是指以现有的知识和物质，在特定的环境中，改进或创造新的事物（包括但不限于各种方法、元素、路径、环境等等），并能获得一定有益效果的行为。简单地说就是利用已存在的自然资源或社会要素创造新的矛盾共同体的人类行为，或者可以认为是对旧有的一切所进行的替代、覆盖。

经济学上，创新概念的起源为美籍经济学家熊彼特在 1912 年出版的《经济发展概论》。熊彼特在其著作中提出：创新是指把一种新的生产要素和生产条件的“新结合”引入生产体系。它包括五种情况：引入一种新产品，引入一种新的生产方法，开辟一个新的市场，获得原材料或半成品的一种新的供应来源，新的组织形式。熊彼特的创新概念包含的范围很广，如涉及到技术性变化的创新及非技术性变化的组织创新。

到 20 世纪 60 年代，新技术革命的迅猛发展。美国经济学家华尔特·罗斯托提出了“起飞”六阶段理论，对“创新”的概念发展为“技术创新”，把“技术创新”提高到“创新”的主导地位。

1962 年，由伊诺思（3. L. Enos）在其《石油加工业中的发明与创新》一文中首次直接明确地对技术创新下定义，“技术创新是几种行为综合的结果，这些行为包括发明的选择、资本投入保证、组织建立、制定计划、招用工人和开辟市场等”。伊诺思的定义是从行为的集合的角度来下定义的。而首次从创新时序过程角度来定义技术创新的林恩（G. Lynn）认为技术创新是“始于对技术的商业潜力的认识而终于将其完全转化为商业化产品的整个行为过程”。

美国国家科学基金会（National Science Foundation of U.S.A.），也从20世纪60年代开始兴起并组织对技术的变革和技术创新的研究，迈尔斯（S.myers）和马奎斯（D.G.Marquis）作为主要的倡议者和参与者。在其1969年的研究报告《成功的工业创新》中将创新定义为技术变革的集合。认为技术创新是一个复杂的活动过程，从新思想、新概念开始，通过不断地解决各种问题，最终使一个有经济价值和社会价值的新项目得到实际的成功应用。到20世纪70年代下半期，他们对技术创新的界定大大扩宽了，在NSF报告《1976年：科学指示器》中，将创新定义为“技术创新是将新的或改进的产品、过程或服务引入市场。”而明确地将模仿和不需要引入新技术知识的改进作为最终层次上的两类创新而划入技术创新定义范围中。

20世纪70～80年代开始，有关创新的研究进一步深入，开始形成系统的理论。厄特巴克（J. M. UMerback）在70年的创新研究中独树一帜，他在1974年发表的《产业创新与技术扩散》中认为，“与发明或技术样品相区别，创新就是技术的实际采用或首次应用”。缪尔赛在80年代中期对技术创新概念作了系统的整理分析。在整理分析的基础上，他认为：“技术创新是以其构思新颖性和成功实现为特征的有意义的非连续性事件”。

著名学者弗里曼（C. Freeman）把创新对象基本上限定为规范化的重要创新。他从经济学的角度考虑创新。他认为，技术创新在经济学上的意义只是包括新产品、新过程、新系统和新装备等形式在内的技术向商业化实现的首次转化。他在1973年发表的《工业创新中的成功与失败研究》中认为，“技术创新是技术的、工艺的和商业化的全过程，其导致新产品的市场实现和新技术工艺与装备的商业化应用”。其后，他在1982年的《工业创新经济学》修订本中明确指出，技术创新就是指新产品、新过程、新系统和新服务的首次商业性转化。

我国20世纪80年代以来开展了技术创新方面的研究，傅家骥先生对技术创新的定义是：企业家抓住市场的潜在盈利机会，以获取商业利益为目标，重新组织生产条件和要素，建立起效能更强、效率更高和费用更低的生产经营方法，从而推出新的产品、新的生产（工艺）方法、开辟新的市场，获得新的原材料或半成品供给来源或建立企业新的组织，它包括科技、组织、商业和金融等一系列活动的综合过程。此定义是从企业的角度给出的。彭玉冰、白国红也从企业的角度为技术创新下了定义：“企业技术创新是企业家对生产要素、生产条件、生产组织进行重新组合，以建立效能更好、效率更高的新生产体系，获得更大利润的过程。”

进入 21 世纪，信息技术推动下知识社会的形成及其对技术创新的影响进一步被认识，科学界进一步反思对创新的认识：技术创新是一个科技、经济一体化过程，是技术进步与应用创新“双螺旋结构”（创新双螺旋）共同作用催生的产物，而且知识社会条件下以需求为导向、以人为本的创新 2.0 模式进一步得到关注。《复杂性科学视野下的科技创新》在对科技创新复杂性分析基础上，指出了技术创新是各创新主体、创新要素交互复杂作用下的一种复杂涌现现象，是技术进步与应用创新的“双螺旋结构”共同演进的产物；信息通讯技术的融合与发展推动了社会形态的变革，催生了知识社会，使得传统的实验室边界逐步“融化”，进一步推动了科技创新模式的嬗变。要完善科技创新体系急需构建以用户为中心、需求为驱动、以社会实践为舞台的共同创新、开放创新的应用创新平台，通过创新双螺旋结构的呼应与互动形成有利于创新涌现的创新生态，打造以人为本的创新 2.0 模式。《创新 2.0：知识社会环境下的创新民主化》进一步对面向知识社会的下一代创新，即创新 2.0 模式进行了分析，将创新 2.0 总结为以用户创新、大众创新、开放创新、共同创新为特点的，强化用户参与、以人为本的创新民主化。

许多公司和设计机构倾向于看设计和创意从狭义的角度阶段。通常，设计团队是锁在房间的思想与世界的接触到它提供的想法没有得到批准的客户或项目经理。

一旦一个项目进入危急状态，应力增加，创新是一个更为有限的作用在项目。这是一个结果，发展创意概念或缺乏自信，富有创造力的人处理压力的能力在这个项目的关键阶段提供帮助的高成本。

此外，开发过程的通用模型，不重视创新，无论是部分或整体，如 BT，微软，星巴克，施乐公司的龙头企业，雅虎和其他提供证明的创新设计过程可以导致在市场竞争一个位置看“十一节课：在全球十一家公司的管理设计”（PDF）。

在过去的一个世纪，许多事件提供了实例，创新和创造力可以在危机中组织起着至关重要的作用。在这种情况下，创新和创新力将发挥更大的作用。它们可用于重新设计一个公司的结构和设计一个创新产品的过程中，满足业务需求。

对于本课题的研究来说，从企业角度对创新加以定义更有意义。我们总结前人的观点，以傅家骥先生的定义为基础，对创新加以界定：企业的企业家抓住市场潜在的盈利机会，或技术的潜在商业价值，以获取利润为目的，对生产要素和生产条件进行新的组合，建立效能更强、效率更高的新生产经营体系，从而推出新的产品、新的生产（工艺）方法、开辟新的市场，获得新的原材料或半成品供给来源或建立企业新的组织，它包括科技、组织、商业和金融等一系列活动的综合过程。

创新是一个民族进步的灵魂，是一个国家兴旺发达的不竭动力，也是一个政党永葆生机的源泉，这是江泽民同志总结20世纪世界各国政党，特别是共产党兴衰成败的历史经验和教训得出的科学结论。

近代以来人类文明进步所取得的丰硕成果，主要得益于科学发现、技术创新和工程技术的不断进步，得益于科学技术应用于生产实践中形成的先进生产力，得益于近代启蒙运动所带来的人们思想观念的巨大解放。可以这样说，人类社会从低级到高级、从简单到复杂、从原始到现代的进化历程，就是一个不断创新的过程。不同民族发展的速度有快有慢，发展的阶段有先有后，发展的水平有高有低，究其原因，民族创新能力的大小是一个主要因素。

创新涵盖宽广，包括政治、军事、经济、社会、文化、科技等众多领域。因此，创新可以分为科技创新、文化创新、艺术创新、商业创新等等。

（二）创新突出体现在三大领域

（1）学科领域——表现为知识创新。

（2）行业领域——表现为技术创新。

（3）职业领域——表现为制度创新。

1. 创新科技

科技创新是社会生产力发展的源泉。科技创新指科学技术领域的创新，涵盖两个方面：自然科学知识的新发现、技术工艺的创新。在现代社会，大学、科学工程研究等研究机构是基础科学技术创新的基本主体，而企业是应用工程技术、工艺技术创新的基本主体。

2. 创新企业

企业创新是现代经济中创新的基本构成部分。企业往往由生产、采购、营销、服务、技术研发、财务、人力资源管理等职能部门组成，因而企业的创新涵盖这些职能部门，企业创新包括产品创新、生产工艺创新、市场营销创新、企业文化创新、企业管理创新等。何道谊在《技术创新、商业创新、企业创新与全方面创新》一文中将企业创新分为企业战略创新、模式创新、流程创新、标准创新、观念创新、风气创新、结构创新、制度创新十个方面的创新。

市场发展到一定程度，资本越来越集中，竞争也必然越来越残酷，尤其在国内，消费增长比投资增长慢，必然会导致生产过剩的时代提前到来，所谓的“红海”战略，描述的就是在这种环境下竞争的企业战略，其一个主要特点就是“血腥”。资本集中导致产品技术竞争的差异化程度越来越小，营销创新就成了许多企业的救命稻草。过去的几年，可以说国内企业营销创新得到了很大的发展：渠道创新、概念营销等等，都让人耳目一新，但这些凝聚了许多营销人心血的创新，好像流行音乐一样，来得快，去得也迅速。比如凭借着渠道营销创新一夜走红的三株，也就风光了几年，最终倒在自己的营销思维上，还有风光一时的秦池、爱多等等，这种现象让营销界陷入了一种迷幻之中：究竟是什么造成营销创新的短命？

其实，如果我们深层理解营销创新，把营销创新当成一种战略，而不是战术或者救市稻草，我们就会发现：营销创新其实是可以如经典歌曲一样，长盛不衰。

（三）营销创新的原则

1. 永远不要抛弃创新的根本：产品。

在现实生活中，有很多人思维好像非常超前，一说起营销，必然滔滔不绝地说出一大堆听起来非常前卫的理论，让人肃然起敬，更有人出卖所谓的“点子”成了大营销家，但一旦实践起来，这些理论和“点子”就如被包装好的流行歌曲，即使成名，又能维持多久？我不否认，前卫理论和“点子”有其一定的作用，关键是我们的营销人应该始终要保持一种清醒的意识：有哪个百年企业是依靠一时的前卫理论和“点子”一直发展的？可口可乐、宝洁等跨国企业的长盛不衰，其重要秘诀就是始终把产品是否能够符合消费者的要求作为营销至高无上的法宝，当别的企业在炒作概念的时候，这些优秀的企业始终坚持把优秀的产品才是最好的营销当作自己的理念，只有在产品的基础上创新的营销，才是永远能够保持活力的营销，才能不断创新。

2. 渠道。

无论是眼下流行的终端制胜论还是大批发萎缩论，企业的营销是绝对不能没有渠道的。渠道是企业营销创新的取之不竭的源泉。在现实生活中，我们经常会看到很多企业通过渠道变革来达到营销创新的目的，并且取得了空前的成功。比如，国内一家很著名的摩托车企业，在90年代初期，当其他企业忙着收获因为卖方市场带来的好处时，就把渠道变革当成营销创新的基础去开展工作了，当90年代中期，国内摩托车行业走向买方市场，供大于求的时候，这个厂家的营销创新发挥了巨大的作用，尤其是1995年上海助力车市场开放的时候，该企业通过其完整的渠道提前得到消息，迅速研发，并通过渠道迅速将该车在上海销售，该企业赚的眉开眼笑的时候，别的企业才慌忙跟进。

3. 不要把营销当作企业度过难关的战术使用，一定要把营销创新提升到战略的高度。

为什么很多外国专家都评价说中国的民族企业最终不能担当大任？除了企业整体战略，就是营销创新战略的缺失。内行看行情，外行看热闹。别看国内许多企业在营销上策划得有形有色，但若细看，却基本上没有几个能够把自己的营销创新坚持下来，并发扬光大。一旦营销掌门人换掉，企业的营销创新又换了一种思路，最终受损的是企业。如果我们的企业能够把企业营销创新当作一种战略，这种尴尬的局面就不会出现，企业也就不会因为换人也换思路了。

4. 服务是别人永远无法复制的制胜法宝。

当海尔宣布自己的服务营销战略时，曾经有很多企业跟进，给我影响最深刻的有 2 个事例，第一是家电行业的美菱，服务人员去用户家里服务时，必须随身带着红地毯，避免弄脏用户的地板，这就是轰动一时的红地毯服务，但由于各种原因，没多久就销声匿迹了；还有一个是摩托车企业春兰，曾经用飞机空运一台发动机到安徽，但也没有了下文。而海尔始终把服务创新当作自己的营销战略贯彻于始终，不管别人说海尔产品质量怎样，但就凭海尔的服务特色，海尔的营销战略就是成功的，至少在目前的国内企业，还没有一个企业能够把自己的营销创新贯彻到战略高度并且如此彻底，这就是海尔成功的基本因素之一。

创新方法一直为世界各国所重视，在美国被称为创造力工程，在日本被称为发明技法，在俄罗斯被称为创造力技术或专家技术。我国学者认为创新方法是科学思维、科学方法和科学工具的总称。其中，科学思维是一切科学研究和技术发展的起点，始终贯穿于科学研究和技术发展的全过程，是科学技术取得突破性、革命性进展的先决条件。科学方法是人们进行创新活动的创新思维、创新规律和创新机理，是实现科学技术跨越式发展和提高自主创新能力的重要基础。科学工具是开展科学研究和实现创新的必要手段和媒介，是最重要的科技资源。由此可见，创新方法既包含实现技术创新的方法，也包含实现管理创新的方法。2007 年 6 月，大陆学者王大珩、刘东生、叶笃正三位资深院士提出了《关于加强我国创新方法工作的建议》，国家领导人对此作了重要批示。之后，科技部会同国家发展改革委、财政部、教育部和中国科协，联合启动了创新方法工作。5 年来，全国已经有 24 个省市开展了创新方法工作，10 万余人参加了创新方法培训。

创新方法包含试错法、六顶思考帽法、大脑风暴法等。TRIZ 是俄文 теориир ешенияизобретательскихзадач拉丁译文 Teoriya Resheniya Izobreatatelskikh Zadatch 的缩写，其英文全称是 Theory of the Solution of Inventive Problems，在我国被直译为“萃智”，意译为发明问题解决理论。该方法源于苏联，于 1946 年由著名的教育家、发明家根里奇·阿奇舒勒及其团队在分析专利的基础上总结而成并最先提出。因其在不同技术领域发挥的巨大作用，TRIZ 理论成为前苏联的最高国家机密，被西方国家誉为“神奇的点金术”。苏联解体后，TRIZ 理论传播至欧美国家及日本和韩国等地，并得到了进一步发展，逐渐成为各国实现创新的制胜法宝。

TRIZ 理论之所以被世界各国所推崇，是因为其源于前人的实践，是从辩证唯物主义出发，应用进化论的观点，浓缩数百万份世界各国优秀专利后所揭示出的创新问题的内在规律，并由此形成了一套强有力的技术创新理论、方法和工具。TRIZ 理论拥有 4 大分离方法、8 大进化法则、40 个发明原理、76 个标准解和 101 个科学效应库等工具，拥有矛盾分析法、物场分析法、HOW TO 模型和功能分析法等分析模型。其中，TRIZ 理论的思维方法和问题分析方法可以有效的打破思维惯性，使人们从传统的思维中解放出来，从更广阔的视角看待问题，快速发现问题的本质；“最终理想解”指明解决问题的目标所在，明确解决问题方向，从而有效避免盲目性；系统进化法则可以帮助人们认清技术系统的进化规律，并预测产品与服务的未来；分析模型可以帮助人们正确定义问题的矛盾，细致梳理产生矛盾的过程和原因，保证有效、彻底的解决问题。此外，TRIZ 理论还可以与其他优秀的创新方法如六西格玛、头脑风暴法、模糊前端技术、质量功能展开等方法或理论结合使用。TRIZ 理论自身也在进一步发展完善，主要应用于工程技术领域，但也在向社会科学领域发展和渗透。TRIZ 理论所揭示的规律和提供的工具具有一定的普适性，从事任何行业的人在学习过 TRIZ 理论后都会受益匪浅。

（四）没有创新的企业是没有希望的企业，开拓创新的重要性体现在两个方面

1. 优质高效需要开拓创新

（1）服务争优要求开拓创新

（2）盈利增加仰仗开拓创新

（3）效益看好需要开拓创新

2. 事业发展依靠开拓创新

（1）创新是事业快速、健康发展的巨大动力

（2）创新是事业竞争取胜的最佳手段

（3）创新是个人事业获得成功的关键因素

创新不容易，第一，创新意味着改变，所谓推陈出新、气象万新、焕然一新，无不是诉说着一个“变”字；第二，创新意味着付出，因为惯性作用，没有外力是不可能有改变的，这个外力就是创新者的付出；第三，创新意味着风险，从来都说一分耕耘一分收获，而创新的付出却可能收获一份失败的回报。创新确实不容易，所以总是在创新前面加上“积极”“勇于”“大胆”之类的形容词。

因为创新不容易，所以创新成为人才的一大特征，也就有了创新人才的问题。那么，创新人才除了专业知识及技能外，要具备什么个性心理特征呢？首先，要有自信，相信自己有能力改变；其次，要有激情，为实现目标不懈奋斗；再次，要担责任，控制失败风险和勇于承担失败后果。

在培养人才创新本领的时候，不能忽略创新心理的培养。自信心不足，点子不能成为行动，行动不能得到坚持；缺乏激情，创新没有动力，思维会僵化，行动会迟缓；没有责任心，创新风险容易失控，即便成功可能也难取得持续进步。

（五）开拓创新要有创造意识和科学思维

1. 强化创造意识

（1）创造意识要在竞争中培养。

（2）要敢于标新立异：第一要有创新精神，第二要有敏锐的发现问题的能力，第三要有敢于提出问题的勇气。

（3）要善于大胆设想：第一要敢想，第二要会想。

（4）创新的源泉：第一要有兴趣，第二要适合所从事的事业。

2. 确立科学思维

（1）相似联想。

（2）发散思维。

（3）逆向思维。

（4）侧向思维。

（5）动态思维。

3. 开拓创新要有坚定的信心和意志

（1）坚定信心，不断进取。

（2）坚定意志，顽强奋斗。

当创新活动误入歧途，需要调整方向时，它能够强迫自己“转向”或“紧急刹车”。

英国物理学家、数学家、天文学家、自然哲学家牛顿少年时期就有很强的好奇心，他常常在夜晚仰望天上的星星和月亮。星星和月亮为什么挂在天上？星星和月亮都在天空运转着，它们为什么不相撞呢？这些疑问激发着他的探索欲望。后来，经过专心研究，终于发现了万有引力定律。

意大利物理学家、天文学家伽利略则始于对亚里士多德“物体依本身的轻重而下落有快有慢”的结论的怀疑，他凭着“自信的直觉”和多次实验，证明了物体下落的速度与物体的重量无关，进而动摇了亚里士多德长期在物理学中的统治地位，引起了极大的震动。他终于发现了自由落体规律。

中国数学家、语言学家周海中教授在探究梅森素数分布时就遇到不少困难，有过多次失败，但他并不气馁。由于追求创新的欲望和坚持不懈的努力，他终于找到了这一难题的突破口。1992 年他给出了描述梅森素数分布性质的精确表达式。目前这项重要成果被国际上命名为“周氏猜测”。

创新是一个民族进步的灵魂，是一个国家兴旺发达的不竭动力，也是一个政党永葆生机的源泉——前国家主席江泽民。

不创新，就灭亡——福特公司创始人亨利 · 福特。

没有思想自由，就不可能有学术创新。——著名学者周海中在市场竞争激烈、产品生命周期短、技术突飞猛进的今天，不创新，就会灭亡。创新是企业生存的根本，是发展的动力，是成功的保障。在今天，创新能力已成了国家的核心竞争力，也是企业生存和发展的关键，是企业实现跨越式发展的第一步。

要么创新，要么死亡——畅销书《追求卓越》作者托马斯·彼得斯。

创新是企业持续壮大的唯一出路——创新魔法师李响。

（六）创新是劳动的基本形式，是劳动实践的阶段性发展。

基于科学的人类进化、自我创造的发展学说的经济学思想，是来自人类自我内在矛盾创造的实践思想。劳动价值论是马克思主义经济学的核心，其揭示出社会发展的本质变量。其在广义上是一切社会存在的基本决定要素。

1. 创新劳动是劳动的阶段性发展，是对于同质劳动的超越。劳动的基本矛盾关系是生产工具与劳动力，劳动力与生产工具的发展推动生产力整体的革命性进步。创新是人类对于其实践范畴的扩展性发现、创造的结果，创新在人类历史上首先表现为个人行为，在近代实验科学发展起来后，创新在不同领域就不断成为一种集体性行为。但个人的独立实践对于前沿科学的发现及创新依然起到引领作用。创新的社会化形成整体的社会生产力进步！

2. 对自然及社会的发现是创新的前提条件。人类来自自然物质世界，以创新自我的物质形态为起源。对社会本身的发现与创造构成新的社会关系。在个人的发现及创新以各种信息系统传播开来形成社会化的大生产后就形成以普遍的人民主导的生产力体系。这个体系主要是重复新生产技术的生产过程，同时积累财富与实践范畴。在某个时期后为一个新的劳动者发现新的领域及创新新的生产方式所超越，这是一个质变与量变交替发展的阶段。

3. 在经济领域，创新是劳动的一个重要的阶段性成果，是生产力发展的阶段性标志。其是社会经济发展的前置因素，形成规模性效益的源泉。创新与积累劳动形成经济发展的两大矛盾性劳动根源。创新的价值在于以新的生产方式重新配置生产要素形成新的生产力，创造新形式的劳动成果或者更大规模的生产。其在于创新成果社会化过程对于经济领域的路径选择或者创新新的路径。创新价值是从个别主体的垄断价值到社会再生产的普遍价值转化。

4. 创新行为的社会化与创新成果的社会化是相辅相成的。创新社会是依赖创新成果有效社会化的。创新成果的有限社会化同时是创新劳动的社会价值实现。同时其创造了创新理念的社会化。从社会历史发展的过程看，创新的社会化根本是创新劳动行为的社会化。创新行为的社会化与分工的社会化结合在一起形成总体对于简单劳动的超越性发展。

5. 创新劳动的价值论在于创新成果的分配过程，分配又看所有制。从社会关系的发展史看财富的流通过程就是形成社会各个主体间关系的直接路径。但社会财富的生产过程中的生产分工才是最根本的决定通道，决定分工的竞争要素根本上取决于劳动者的劳动素质。所以一个创新的价值直接来自财富分配、流通，而根本反映劳动者本人的劳动素质的实现。

6. 创新劳动的根本问题在于创新劳动者自我，劳动者的劳动是对于自我的劳动素质的创造。人来自自然却是自我创造了自我的人格与生命的统一。人的内在矛盾要素都是人的自我创造并在有意识的连续发展中。人在一定实践范畴中，却无时不在超越已有的生命经历。

7. 社会创新是社会人对于社会关系的创新性发展。其对于社会关系的内在本质及范畴的发现及创新是对于人类自我解放的自觉实践的反映。只有人类自我自觉的自我解放行为才可以是真的社会创新，才可以形成整体的社会革命性创新。社会的革命性创新路径依赖的是生产力的解放，是劳动人民内在自我解放能力的提升，是劳动科技中劳动者素质及工具的整体进步。其最终表现为所有劳动者的社会化总体生产力的提升与劳动者作为人的存在的发展。

真正的创新，成功的创新，一定是和开放后的“流出”有关系的，也就是说，必须造成信息的流出。

比如说美国的麦当劳，它既是一个快餐店，也包含了一种文化，它居然就能够在全球许多地方开了分店。麦当劳吃的东西，是正宗的西餐吗？肯定不是，那会让西方正宗的西餐大师脸红的。因此只能够叫它麦当劳餐了。那么，国内现在也有快餐店模仿麦当劳，甚至有的在国内也相当成功，国内到处都是。这样仍然属于“拷贝”。我就想，将来国内能不能有一种更新的饭店，里面卖的东西，你说不上它是中餐还是西餐，不强调什么正宗不正宗，但是能够开到全世界各地去，也让全世界各地都能够见得到？只有那样，才算是真创新，才是创新成功了。

再比如，我们现在也给国内的科学家颁奖。但是瑞典的诺贝尔奖，却是少颁给瑞典人的，是真正的国际奖，是颁给全世界人的。那么我就想，中国能不能也创立这么一个科学家奖，哪怕头十年二十年甚至五十年，主要是颁给全世界各地的最著名的科学家，不要那么小家子气，以为自己的钱最好自己人得，那不是一种“开放”的想法。要让全世界所有的科学家，都能够以获得中国的这个奖为荣，能不能？

再说我们的经济学，能不能发展到这个程度，创立一个全新的学派，既不同于马克思主义，也不同于新自由主义经济学，而是全新的，有质的突破的经济学，不仅如此，还真能解决问题，还能够流传到全世界，使得国外的许多经济学家一发表论文，就引用我们经济学家的理论？甚至我国能够经常派出经济学家到美国到英国去指导他们国家的经济？能不能？如果做到了这一点，导致美国人要来中国学习经济学，那才是真创新。

再说文艺，国内这些年来许多新东西，其实都是拷贝外国的，比如说街舞，比如说 RAP。中国的艺术家们能不能够创造出全新的艺术形式，致使国外流行起来？使全世界人民喜欢？而且并不是拷贝我们的过去，是一种全新的东西，全新的小说，全新的电影，全新的某种舞蹈？

再说社会科学理论，我们不能够说没有创新，但是创新有没有到这样一种程度，就是被外国人认真地学习？我认为，毛泽东思想是被外国人认真地学习的，比如智利的总统就认真学习毛主席著作，因此毛泽东思想可以认为是一种成功的创新。那么，我们新的社会科学理论，新的政治理论，哪怕就是国家领导人创造的吧，什么时候能够让外国人特别认真地学习？那才是创新成功的标志。

现在一说宣传，那就是说要有主旋律。但是，我们能不能够努力一下，导致主旋律流出到国外，成为越来越多的其他国家的主旋律？还是只有中国才有这样的主旋律？

上面讲的无非就是一个道理，就是成功的创新的标志，应当是成功地流出。

再说制度，现在有一种将制度固化的倾向，我认为这是违反马克思主义原理的。因为，制度是上层建筑，它是不应当固化的，它应当随着生产力的发展而前进的。因此，当生产力处于一个低的水平的时候，有一个低档的社会制度与之适应，而当生产力处于一个高的水平的时候，就需要有一个社会制度的升级。

总而言之：创新就是在原有资源（工序；流程；体系单元等）的基础上，通过资源的再配置，再整合（改进），进而提高（增加）现有价值的一种手段。

二、创意

头脑风暴法（Brainstorming）是最为人所熟悉的创意思维策略，该方法是由美国人奥斯本（Osborn）早于 1937 年所倡导，此法强调集体思考的方法，着重互相激发思考，鼓励参加者于指定时间内，构想出大量的意念，并从中引发新颖的构思。

脑力激荡法虽然主要以团体方式进行，但也可于个人思考问题和探索解决方法时，运用此法激发思考。该法的基本原理是：只专心提出构想而不加以评价；不局限思考的空间，鼓励想出越多主意越好。头脑风暴法出自“头脑风暴”一词。

所谓头脑风暴（Brain-storming）最早是精神病理学上的用语，指精神病患者的精神错乱状态而言的，转而为无限制的自由联想和讨论，其目的在于产生新观念或激发创新设想。在群体决策中，由于群体成员心理相互作用影响，易屈于权威或大多数人意见，形成所谓的“群体思维”。群体思维削弱了群体的批判精神和创造力，损害了决策的质量。为了保证群体决策的创造性，提高决策质量，管理上发展了一系列改善群体决策的方法，头脑风暴法是较为典型的一个。

头脑风暴法又可分为直接头脑风暴法（通常简称为头脑风暴法）和质疑头脑风暴法（也称反头脑风暴法）。前者是在专家群体决策尽可能激发创造性，产生尽可能多的设想的方法，后者则是对前者提出的设想、方案逐一质疑，分析其现实可行性的方法。采用头脑风暴法组织群体决策时，要集中有关专家召开专题会议，共同商议，各抒己见，主持者以明确的方式向所有参与者阐明问题，说明会议的规则，尽力创造在融洽轻松的会议气氛。一般不发表意见，以免影响会议的自由气氛。由专家们“自由”提出尽可能多的方案。此后的改良式脑力激荡法是指运用脑力激荡法的精神或原则，在团体中激发参加者的创意。

创意的方法还有一种是旧元素的重新排列组合形成新元素。把已知的、原有的元素打乱并重新地进行各种形式的排列组合形成一个未知的、没有的新元素。这是国际著名的广告大师詹姆斯·韦伯·杨在其著作《创意》一书中提出的理论。

（一）创意的概念

创意是传统的叛逆，是打破常规的哲学，是破旧立新的创造与毁灭的循环，是思维碰撞，智慧对接，是具有新颖性和创造性的想法，不同于寻常的解决方法。

创——创新、创作、创造……将促进社会经济发展；

意——意识、观念、智慧、思维……人类最大的财富，大脑是打开意识的金钥匙；创意起源于人类的创造力、技能和才华，创意来源于社会又指导着社会发展。人类是创意、创新的产物。类人猿首先想到了造石器，然后才把石器造出来，而石器一旦造出来类人猿就变成了人。人类是在创意、创新中诞生的，也要在创意、创新中发展。

发展离不开创意，创意是一种突破，产品，营销，管理，体制，机制等方面主张的突破。

创意是逻辑思维、形象思维、逆向思维、发散思维、系统思维、模糊思维和直觉、灵感等多种认知方式综合运用的结果。要重视直觉和灵感，许多创意都来源于直觉和灵感。

人类诞生开始，“创意”也就开始左右着人类的发展，那个时候没有“创意”两字，人类每一次的发明、创造都是在一定的环境、压力、生存下产生的，否则面对自然界，人类应付突临灾害最原始也是唯一的办法，只有像其他动物一样，用疯狂奔逃来躲避。

语言的创意让人类变成了高级动物——直到人类发明、制造、运用了工具. 并在这个开拓性技术过程中深化了思考，驾驭了语言，才与动物们有了质的区别。

（二）创意产业

创意产业，又叫创造性产业等。指那些从个人的创造力、技能和天分中获取发展动力的企业，以及那些通过对知识产权的开发可创造潜在财富和就业机会的活动。

发达国家创意产业可以定义为具有自主知识产权的创意性内容密集型产业，它有以下三方面含义。

1. 创意产业来自创造力和智力财产，因此又称作智力财产产业。

2. 创意产业来自技术、经济和文化的交融，因此创意产业又称为内容密集型产业。

3. 创意产业为创意人群发展创造力提供了根本的文化环境，因此又往往与文化产业概念交互使用。

创意产业门类多，它通常包括广告、建筑艺术、艺术和古董市场、手工艺品、时尚设计、电影与录像、交互式互动软件、音乐、表演艺术、出版业、软件及计算机服务、电视和广播等等。此外，还包括旅游、博物馆和美术馆、遗产和体育等。

（三）创意产业联盟

创意产业联盟（Creative Industry Alliance）是指在创意产业领域出于确保合作各方的市场优势，寻求新的规模、标准、机能或定位，应对共同的竞争者或将业务推向新领域等目的，企业、高校、科研院所、行业团体间结成的互相协作和资源整合的一种合作模式。联盟成员可以限于某一行业内的机构或是同一产业链各个组成部分的跨行业企业及相关机构。联盟成员间一般没有资本关联，各机构地位平等，独立运作。

中国创意产业联盟（英文 China Creative Industry Alliance，缩写为 CCIA）是由国务院有关部委领导支持、全国政协有关委员会和国家多部委指导，全国知名创意机构发起成立的创意产业化协作发展联盟，促进中国创意产业向高文化和高技术化的融合发展，推动全国创意产业大发展和大繁荣，以最终实现创意强国目标而团结在一起的目前国内唯一的一个全国性创意产业合作联盟。联盟下设专家委员会、若干个区域委员会、行业委员会、创意产业研究院及基金理事会。

（四）创意设计

把再简单不过的东西或想法不断延伸给予的另一种表现方式创意设计，包括工业设计、建筑设计、包装设计、平面设计、服装设计、个人创意特区等内容。创意设计除了具备了“初级设计”和“次设计”的因素外，需要融入“与众不同的设计理念——创意”。

从词源学的角度考察，“设”意味着“创造”，“计”意味着“安排”。英语 Design 的基本词义是“图案”“花样”“企图”“构思”“谋划”等，词源是“刻以印记”的意思。因此设计的基本概念是“人为了实现意图的创造性活动”，它有两个基本要素：一是人的目的性，二是活动的创造性。

把创意融入到设计中，才算是一件有意义的创意设计，我们的生活需要一丝创意，类似于创意家居设计。

比较特殊的礼品，其本身更是一种非常有创意礼品、非常独特的外观设计、还得非常有趣的。最重要的是这个创意的礼品可以带给别人惊喜。

创意礼品是感情的载体，是人与人之间沟通的桥梁。创意礼品比一般礼品更贴心，更能表达感情。创意礼品是为送礼人特别订制的，是融入了思想感情的。

创意礼品是着力于礼品的纪念性方面的因素而特别订制的礼品，别出心裁，不落俗套。不同的创意礼品是不同的情感表达，创意礼品本身是珍贵的，是与众不同的，是量身定做的。

一件理想的创意礼品对赠送者和接受者来说，都能表达出某种特殊的愿望，传递出某种特殊的信息。创意礼品的赠送对象很广，可以是朋友、情侣、夫妻、老师、父母、孩子等等。首先温馨很重要，您选择的礼品一定要有温馨的感觉，拿在手里有似曾相识的情怀。温馨大部分来至一颗真心，别抱怨说走遍了大街小巷都没有合适的礼品，有时候“踏破铁鞋无觅处，得来全不费工夫”。像抱枕、茶杯、这些代表着关怀的礼物，加上祝福语或者相片，也会变得很温馨。

创意礼品已成为一种潮流，是您选择礼物时不可忽略环节，diy 礼品除了让您得到快乐设计体验，还会给收礼的人一份惊喜。拖着鼠标涂鸦一本台历、设计几个唯美贺卡， 以及一件 POLO 衫，都会让收到礼品的朋友感觉幸福又快乐！

另外，送礼还要讲究创意，创意礼品展现的魅力能舒缓生活中的部分压力，增添生活以及工作的乐趣。别忘记了“时尚”这个词，注入一些新的元素，神奇变色杯、温馨抱枕、红木笔筒等，还有时下流行的保健杯等等。如此这般打造出来的礼物才是既有心意又有创意的礼物，在无限感动的同时，送礼品的人也有无限成就感。

（五）创意家居用品

创意家居用品是指在满足产品本身的实用功能外，在外观上融入时尚，个性化追求的家居用品。

创意家居更加突出的特点是，它不再只满足产品的实用功能，而是以巧妙的设计，创新和灵感等元素，使紧凑的生活得到舒缓，增添生活以及工作的乐趣。也是因为这些特点，使得生活品质上升到另一台阶。

创意家居用品的核心是“创意”，而不是随处可见的日常的家居用品。创意家居用品除了要更好的体现日常家居的实用性外，还要具备外观、功能等各方面的创意点、发光点。

创意家居用品另一方面还表现为，大多数以卡通、玩具、人和动物形状等形式为载体，来表达一些有趣的造型或是某些经典故事的表现。以幽默、风趣的形象深得年轻人们的喜爱。

创意家居用品也具有独树一帜的环保功能，选用的材料都是轻质的、环保的。而在材料的运用上，有机材料用得较多，无毒无味，高档些的创意家居用品还用到很多高科技的新型材料。创意家居用品强调功能的组合，具备多种功能，集观赏性和实用性于一体。

国外的创意家居比国内多，如下面这组由日本的设计师设计一款非常创意的新型沙发，这款沙发像是由好多个棉花糖粘在一起一样，用户可以在上面体验自己的各种坐姿，寻找最舒服的姿势。

第二节 创新设计思维

一、运用设计思维激发创新

设计思维并非什么新概念，不过近几年才开始在商业圈流行。设计是伴随现代科学技术进步和社会经济文化发展而形成的一种具有全新设计观念的现代设计体系。它将科学技术、文化艺术及社会经济综合为一体，并以人的生理和心理需求为出发点，合理而有效地进行具有全新质量和市场竞争能力的现代工业产品设计，从而不断为人类创造更舒适、更合理的生产和生活条件。产品设计是运用工业设计的新观念、新理论和新方法去设计和创造现代工业产品的具体实践过程，是工业设计的核心内容。产品设计课程主要讲授产品设计程序、产品设计中创造性思维的基本原理和常用技法，并结合具体产品设计实例阐述设计原理、评定体系、要素和方法。设计实质是一种创造性的活动，创造力是创造活动的主观基础，其核心是创造性思维。因此培养工业设计专业学生创新性思维，提高其创造力，进而提高产品设计的质量和水平，应当是产品设计课程首要关注的一个问题。

人是复杂的生命主体。在地域、种族、修养、性格、爱好等方面存在诸多的差异，这就要求设计要有各种各样的风格来满足不同的需求，设计者就必须具有多种不同的设计思维。在做具体设计的时候，设计师们如果单纯地使用发散思维或收敛思维，或运用自己熟悉的思维方式，就会造成视角的狭隘，使设计的效果大打折扣。只有充分运用多种思维模式，从不同方面进行探索，博采众长，创造出新的思维方式，才能产生创新的设计成果。

传统的课堂教学模式是一种以老师为中心、书本为中心和课堂为中心的教学模式。传统的课堂教学模式往往形成了老师单向灌输、学生被动接受的局面，教师无法得到反馈。作为产品设计的教师，除了讲授一般的设计程序、原理、方法外，更为主要的任务在于制定合适的设计题目，使学生通过完成设计任务来体验产品设计的程序，并掌握产品设计原理和方法。对于相同的设计任务，学生所设计的产品是功能一致而造型多样的，这些方案在不同侧面体现和完善了产品的功能。这种功能与造型之间的不确定性，为产品设计提供了多种可能性，也决定了学生的主动性并增加了教师指导设计的难度。作为学生个体而言，每个人都具有不同的知识结构、审美倾向、造型能力及认知能力，教师只有和学生进行经常性的交流才能确认对方的设计意图；只有通过课堂讨论才能使学生的方案及教师的意见有效地融合，从而调整学生设计方案中的偏差，以便进行下一阶段的设计。因此在产品设计课程中，教师除了必要的讲授以外，一定要在不同的阶段精心组织学生进行方案阐述、展示、讨论。具体来说，可以要求学生制定调研计划，分成小组进行讨论然后分步实施；汇总并分析资料，实践头脑风暴法；展示方案，交流设计理念。在不同的阶段，学生可以充当不同的角色，这样就调动了学生的主观能动性，以取得好的教学效果。

由于现代工业产品造型设计是涉及多学科、多领域的一种现代化设计体系，因此评定产品是一项综合性很强的工作，评定体系是全方位和多元化的综合体系。产品设计课程通过指定设计任务，使得工业设计的学生在设计的各个环节进行亲身实践，从而提高其综合的专业水平。因为课堂设计的客观性要受到专业教师自身的知识结构、学校整体资源、实际课题来源以及地区经济特点的影响，所以对于学生最终设计方案的评定与最终课程的成绩考核应当区别对待。

作为一个优秀的产品，首要的特征是有完善明确的功能，通常功能是产品存在的基础；其次造型上有新意，任何一件产品都必须有独特的设计特点，模仿或抄袭的产品是没有自身价值的，因而也就失去了市场竞争力；操作方便，因为造型也具有功能性，合理的造型可以传达出产品的使用方式，符合人机功能和环境要求；还有其他诸如产品的回收利用、经济成本等也都是现实中必不可少的评定因素。在众多因素中，适合课程评估的因素可归纳为创造性、科学性以及社会性。在最终成绩考核中，应当以学生在整个产品设计过程中各个阶段的表现及完成任务的情况综合考虑。好的设计必然来自认真努力的设计过程，过程的重要性在设计教育中是显而易见的。任何从事设计工作及设计教育的人员都会意识到设计过程基本等同于设计，方案的优劣在一个阶段只是暂时的。只有这样考核学生才能涵盖设计专业的特点，相对客观地评价学生的学习效果。通过全面的考核，对学生产生一个正面的触动，保持其认真、主动的学习态度，对其他的专业课程产生良好的铺垫。

设计是一种创造性的活动，也是一种生产力，对大公司来说，设计可能是“第二核心技术”。从事产品设计必须首先树立这种意识。要使学生树立创新意识就必须在产品设计课程中营造创新氛围，引导学生正确地运用创新方法和技巧。教师可以通过精心设问，保持学生的设计冲动，树立其问题意识；分析产品设计案例，使学生吸纳成功的设计创意理念，并广泛留心和接受各种外来刺激，对产品设计产生强烈兴趣；创造轻松愉快的课堂环境，对学生的想法予以正面的评价，使其保持内心的自由和良好的心境，营造宽容的、允许失败的专业学习氛围；对学生的方案数量做一定的要求，使其坚信创造性设想越多产生优秀设计的概率越大的信念，通过多方案促其多设想，进一步培养其设计能力。设计产品涉及到产品的功能、造型形象以及物质技术条件。工业设计的学生必须要采用探究性学习作为产品设计课程以及以后设计工作中的学习方式。探究性学习方式的主要倡导者是卢梭、杜威、布鲁纳，我国著名的教育家陶行之也曾提倡过。探究性学习使得工业设计的学生通过对产品的调查与研究迅速掌握产品的功能、结构、操作流程、使用环境、生产工艺及相关的法律法规。在大量的资料积累基础之上，关键是要找出产品设计的主要问题，找到限制性因素，并在此基础上提出设计目标的设想。探究性学习过程也是教师进一步拓展知识的过程，应该明确即便是探究性学习也要有一定的预设性，必须是在教师的有效指导下才能激发引导学生。如果疏于指导，放任自流，学生的活动必然会游离于课题之外。因此作为产品设计课程的教师必须制定相对熟悉的设计题目，针对学校已有的教学条件，合理地实施教学计划，这样才能使产品设计课程有条不紊地贯穿下去。

创新是产品设计的灵魂。设计本身就是人类为改造自然和社会而进行构思和计划，并将这种构思和计划通过一定的手段得以实现的创造活动。产品设计课程通过一定的情境模拟使学生得到设计锻炼，因此教师应当认真地构建好整体的教学计划，在每一阶段的教学任务里使学生树立创新意识，培养其创新性思维，这样才能培养出符合社会需求的设计人才。

二、创新设计思维的多元化训练

（一）设计思维

设计思维作为一种思维的方式，它被普遍认为具有综合处理能力的性质，能够理解问题产生的背景、能够催生洞察力及解决方法，并能够理性地分析和找出最合适的解决方案。在当代设计和工程技术当中，以及商业活动和管理学等方面，设计思维已成为流行词汇的一部分，它还可以更广泛地应用于描述某种独特的“在行动中进行创意思考”的方式，在当今教育及训导领域中有着越来越大的影响。在这方面，它类似于系统思维，因其独特的理解和解决问题的方式而得到命名。

1. 设计思维的类型

设计思维的方式存在于形形色色的设计活动中，是随着具体情况的变化而变化的，如果将其进行分类，大致可分为：

（1）满足需求型：这是设计思维最常见也是最基本的方式。做这类型设计时要始终以满足人的需求入手，对不同种类的需求进行深入的市场调查，包括横向的市场消费情况调查及纵向的产品变化轨迹调查。这一类型的创作源泉和灵感来源于对市场服务对象的认知程度。

（2）改进型：针对已有的设计进行分析思考，产生新的优于原先设计的设计作品。改进型思维同样也必须对改进物具有深刻的了解。

（3）概念型：这种类型的设计思维并不十分关注设计能否最终实现，只要概念能成立，就可以采用相对应的设计手法表现其内涵。如国际性主题设计竞赛，往往先提出一个概念，要求参赛者通过设计表达对该概念的理解。

（4）转化成果型：也就是相互转化，相互借鉴其他学科或其他人的研究成果，吸取经验教训，进而转化为自己的成果。例如将履带的设计原理运用到跑步机上，就是以一种转化成果型思维。

（5）实验型：常处于设计的初始阶段，不受制于市场及委托方，类似于艺术创作，有可能对未来的时尚走向产生深远影响，也可能失败，不为人所接受。

2. 设计思维的特点

对于以上提及的五种设计类型，应具备以下特点：

（1）设计思维的超越性：设计思维的超越性是指在常规的思维进程中，省略思维进程中的某些步骤，从而加大思维的“前进跨度”；另一方面还指从思维条件的角度来讲，跨越事物“可现度”的限制，迅速完成“虚体”与“实体”之间的转化，拓宽思维的“转化跨度”。

（2）设计思维的连动性：设计思维的连动性即“由此及彼”的思维能力。

（3）设计思维的多向性：设计思维的多向性指思维突破“定向”“系统”“规范”“模式”的束缚；在学习过程中，不拘泥于书本所学、老师所教的，遇到具体问题能灵活多变，活学活用；善于从不同的角度思考问题，为问题的求解提供多条途经。一是“发散机智”，即在一个问题面前，尽可能提出更多的设想，多种答案，以扩大选择余地。二是“换元机智”，即灵活的变换影响事物质和量的诸多因素中的某一个，从而产生新的思路。三是“转向机智”，即思维在一个方向上受阻时，马上转向另一个方向，寻找新的思路。四是“创优机智"，即用心寻找最优答案。

（4）设计思维的独特性：思维不受传统习惯和先例的禁锢，超出常规；在学习过程中对所学定义、定理、公式、法则、解题思路、解题方法、解题策略等提出自己的观点、想法，提出科学的怀疑、合情合理的“挑剔”；与众人、前人不同，独具卓识。一般性的思维可以按照现成的逻辑去分析推理，而设计思维则不然，要独创新意，独辟蹊径。独创新意，就是要敢于力破陈规，锐意进取，勇于向旧的传统和习惯挑战。敢于对人们“司空见惯”或认为“完美无缺”的事物提出质疑。

（5）设计思维的综合性：设计思维的综合性指思维调节局部与整体、直接与间接、简易与复杂的关系，在诸多的信息中进行概括、整理，把抽象内容具体化，繁杂内容简单化，从中提炼出较系统的经验，以理解和熟练掌握所学定理、公式、法则及有关解题策略的特性。

上述特点充分表明，设计思维要求人们用科学的方法界定设计对象，借助灵感和顿悟来迸发创意火花，同时用形象的设计语言表达解决问题的方式方法，以形成完美的设计，这其中最关键的即创造性。

（二）创新设计思维的必要性

随着客户的透明度越来越高，利润越来越低，加之无序化的发展，导致竞争加剧，政府战略转型、政策调整，使得产业化也发生巨大的变化，公司策略调整、并购、收购等的加速，产品、服务的同质化越来越多，产品服务的价格战导致每个企业的生存和发展成为最棘手的问题，如果不变革、不调整、不创新，企业只能在红海里打仗。设计是一项创新活动，设计中有关创新的内容十分重要。而创新的设计思维则是最重要，最能反映设计创新效果的主观能力。

从时间上来说，人类的需求随着时间的推移也在不断的变化，即使是十分完美的设计，在若干年后也可能不再符合要求，并最终被淘汰。如商业街的设计：由于人流量的增加，传统的商业街面临着交通拥堵、空气污染等问题。于是，商业步行街这一新型的商业中心模式出现了。因此，设计需要不断更新，而创造性的设计思维也要不断更新才能为设计注入新活力。

（三）创新设计思维的多元化训练

1. 专业技能训练

手绘是获得图示思维和表现视觉感受的必要技法，这项技能必须通过重复练习，而教学的关键则是让学生在作画中思考和享受乐趣。设计师需要有一定的美术基础和功底，对颜色形状有一定的敏感性和创造性。美术功底是采用创意思维进行设计的大前提。通过对专业技能的训练，一方面可以强化他们的美术基础，另一方面可以培养他们对创意思维的艺术表现力。没有美术的基础作为功底，一切的创意思维都只能停留在空想的层次。美术功底的训练经常是枯燥和艰辛的，但是对于一个合格的设计师来说，长期的、持续的艰苦训练是必备的素质。世界顶尖的设计师，均具备深厚的和系统的美术基础，可以有效的实现创意思维的视觉化。

“结构素描”就是一个很好的例子，它要求学习者在描绘的过程中抛弃色彩，光影，只用轻重、粗细不同的线条来表现对象，包括物体可视和不可视的部分。这种素描有助于培养学习者的观察力、表现力、再组合能力，对创新思维能力也有一定的推动价值。经常进行“结构素描”的训练，有助于设计者在一个创意形成后，迅速准确的在第一时间将其记录下来和表达出来。

欧洲文艺复兴时期，意大利文艺复兴三杰之一的列奥纳多·达芬奇，是整个欧洲文艺复兴时期最完美的代表。他有着精深的绘画和雕塑功底，达芬奇将自己各种创意精确的记录了下来，并充分展示其超越时代的设计思维。如果没有其细致的、精准的设计图纸，仿造人员也无法还原几百年前一位艺术大师的精彩的创意。

对于美术功底的训练也没有多少捷径可以探讨的，坚持不懈的训练是唯一的途径。这是创新设计思维训练的第一个，也是最关键的环节。

2. 开拓视野训练

孔子说：“知之者不如好之者，好之者不如乐之者。”成为一名创意思维出众的出色设计师，仅仅掌握本专业的技能是远远不够的。设计领域本身的知识结构无法满足受众的全部需求，因此，设计师们就要掌握更多领域的相关专业知识。设计师需要有不同于常人的对于事物的好奇心，乐于探索未知领域，创造美好事物。一个社会知识贫乏的设计者是很难设计出成功的作品。事实上，各专业之间的资源是可以相互利用进行再创造的。当一个专业的设计在创作过程中出现瓶颈的时候，可以从别的专业中得到灵感，找到出路。因此设计师需要训练从别的专业眼光来思考本专业的问题。

国内的设计部门往往存在一种误区，就是在接受了某一专业领域的产品的设计要求之后，才开始对该领域的相关知识进行短期的、“填鸭式”的突击灌输。这种粗糙的拓展方式造成了国内的设计往往晦涩难通、言之无味，很难深入地展示产品特征，更难以在此基础上进行创意思维的设计。因此，国内设计单位的设计内容往往仅限于外形、色调等浅层次的设计，很难完成深层次的设计工作。开拓视野是需要时间和过程的，“走马观花”的学习方式无法真正意义上开拓设计者的视野。

开拓视野的训练，其实就是对它领域知识的广泛和深入的研究。有一种观点是，设计者对它领域的知识只需要“博”，不需要“精”。这种观点其实是错误的。不深入的研究，就没有深入的思考；没有深入的思考，就没有创意。这种深入学习它领域知识的意识是目前国内设计者们最欠缺的基本素质，甚至这种欠缺已经延伸到了设计教育领域，这也同时造就了国内重要商品、建筑等的设计工作皆需要邀请国外设计师设计的重要原因。

开拓事业可以从生活各个角落来获取知识和信息，充实自己的知识结构。其他领域知识的学习需要设计者们充分利用工作之余的时间，尤其要关注自己潜在的设计目标载体所属领域的相关知识，提前做好准备，厚积薄发。

3. 多种表现手段的训练

创意思维的体现不仅可以表达在一张“纸”上或一部雕塑上，同时可以是声音、影像和软件等，甚至是一个没有实物的“策划”或者“安排”。设计是个综合体，是多种手段的结合。国内的设计专业的定义是比较狭窄的，往往仅限于艺术专业的学生。与之形成对比的西方院校的设计专业包括机械设计、建筑设计、电子产品设计等，同时，一个设计团队的形成也是各种不同领域的设计师有机组合而成的，这就是一种多手段设计的体现。

例如，目前中国社会主流的手机产品主要分流向两种系统，即苹果系统和安卓系统，市场占有额达到90%以上。不幸的是，这两种主流系统均是舶来品。基于安卓系统的手机如魅族、华为和小米等品牌，仅有外形是国人设计，并且带有强烈的“苹果”气息，充分体现了当前的“山寨”文化。造成这种现状的原因，除了国内设计师对它领域知识的匮乏，另一个重要的因素即是对创意表现手段的匮乏。当打开安卓系统的应用程序下载时，又可以发现，如主题、桌面、屏保、手机图标安装包等以平面图像设计为主的简单程序多为国产，而高质量播放器、浏览器、游戏等复杂的、高端的程序多为国外的破解版。这一点更能直观的看出国内设计行业的一大弱势，即创新思维表现手段的单一。

一名设计师在面对一张枯燥的设计展板冥思苦想的时候，也许忽略了其实可以利用声音在内的其他表现手段。曾经一位苹果手机用户受访者是这样对记者说的：“我并不是看了苹果在电视上的广告才买它的手机的，而是因为那个广告的背景音乐我很喜欢。”又比如一个非常流行的多平台手机游戏“会说话的汤姆猫”，从造型上来说，汤姆猫这个卡通形象除了憨态可掬外并无更多亮点。但是，它会说话。从功能上说，十年前的手机就具备录音和重放的功能，而十年前的卡通形象也多有优于汤姆猫的。两种表现手段的有机结合，造就了设计的成功。

4. 创造热情的培养

创新意味着继往开来，有所建树，学生的创新能力是人文精神的重要内涵。人有创新的激情是一种能力，而这种能力需要调动、激发才能迸发出来。创造热情的培养也是难度最大的。受到教育体制和传统思维的影响，国内的设计者们其实是不太喜欢创新的，因为创新往往具备风险，可能取得成功，也可能失败。对于一件产品来说，创新的失败也可能造成血本无归。其实这又是一种误区。创新虽然会失败，但是不创新一定会失败，这仅仅是时间先后的问题。

创造的热情同样是创新型思维设计的关键。没有热情的创意是很难形成的，没有热情的创意永远都是千篇一律的复制和叠加，是不生动的，不诚实的，也是容易被洞察出来的。当今社会随处可见因为欠缺热情的、用以敷衍工作的设计造成的牺牲品。

对创新性思维的训练应该是多元化的，即专业技能的训练、开拓视野的训练、多种表现手段的训练以及创造热情的培养。这四种训练均是培养创新型思维所必不可少的训练。其中，专业技能的训练即美工基础的训练；开拓视野的训练即跨领域知识的深入学习；多种表现手段的训练即对声音、动画等工具的掌握；创造热情的培养则需要设计者的日常积累。只有不断运用多元化的思维理念不断创新设计，才能在设计领域展现一番新颖独特的新面貌。

第三节 创新思维的分类

一、创新思维的形式多种多样

主要有以下几种：

第一，综合式思维。所谓综合式思维，就是在对事物的认识过程中，将上述几种思维形式中的某几种加以综合运用，从而获取新知识的思维形式。

第二，幻想式思维。所谓幻想式思维，是指人们对在现有理论和物质条件下，不可能成立的某些事实或结论进行幻想，从而推动人们获取新的认识的思维方式。

第三，联想式思维。所谓联想式思维，就是将所观察到的某种现象与自己所要研究的对象加以联想思考，从而获得新知识的思维形式。

第四，运用式思维。所谓运用式思维，就是运用普遍性原理研究具体事物的本质和规律，从而获得新的认识的思维形式。

第五，逆向式思维。所谓逆向式思维，就是将原有结论或思维方式予以否定，而运用新的思维方式进行探究，从而获得新的认识的思维方式。

第六，延伸式思维。所谓延伸式思维，就是借助已有的知识，沿袭他人、前人的思维逻辑去探求未知的知识，将认识向前推移，从而丰富和完善原有知识体系的思维方式。

第七，奇异式思维。所谓奇异式思维，就是对事物进行超越常规地进行思考，从而获得新知识的思维方式。

第八，扩展式思维。所谓扩展式思维，就是将研究的对象范围加以拓广，从而获取新知识，使认识扩展的思维方式。

创新思维形式是多种多样的，我们只有真正理解、掌握创新思维的多样性，在实践中灵活运用创新思维的多种形式，才能自由地步入创新王国，获取创新的丰硕成果。

二、创意创新思维的训练方法

（一）超前思维训练

超前思维用一句老话说，就是未雨绸缪，以长远眼光对未来早作谋划。在视觉艺术思维中，超前思维是人类特有的思维形式之一，“是人们根据客观事物的发展规律，在综合现实世界提供的多方面信息的基础上，对于客观事物和人们的实践活动的发展趋势、未来图景及其实现的基本过程的预测、推断和构想的一种思维过程和思维形式，它能指导人们调整当前的认识和行为，并积极地开拓未来”。超前思维是指人类思维活动中面向未来所进行的思维活动，在社会发展的许多领域中，超前思维作出了卓著的贡献。在艺术创作领域里，超前思维训练也是非常重要的一个方面。从思维的纵向、横向、主客观因素中，从多角度、多层面去揭示超前思维的规律，是视觉艺术思维中一项很有意义的活动。尤其是科技高度发达的今天，视觉艺术思维活动必须与迅猛发展的现代科学技术联系起来。当今艺术创作是艺术与科学有机结合的产物，没有高水平的超前思维活动，也就不可能有高水平的艺术创造。

形象思维是作家，艺术家从生活中吸取创作材料，到塑造出艺术形象这整个创作过程中所进行的思维活动和思维方式。它的特点是从客观形象出发，对客观形象进行分析、综合、判断、推理等认识的思维过程。人们在进行艺术创作之前，由于创意的需要引发出对客观事物的感受、分析和认识，在此过程中，或以主观愿望为动机引起超前思维，或是某些思维活动以超前思维的形式进行，再去主导相应的行为活动。超前思维的形象联想、艺术想像是创作构思中能够促进艺术家、科学家开拓新领域的一个环节。一些想像和联想的形象在没有被发明或被实践证实的时候，往往会被人们认为是荒诞的幻想，但正是无数这样的幻想多年以后成为了现实。如果没有人们的超前思维，世界就不可能发展到今天这个规模。

例如在科技领域，人们曾幻想能够插上翅膀飞上蓝天，根据这种超前思维体现出的幻想，美国的莱特兄弟努力观察研究，终于创造出了虽然简单但能够飞上天的第一架飞机。法国科幻小说家德勒凡尔纳在他的科幻小说中描述出当时还没有出现的潜水艇、导弹、霓虹灯、电视等，这些在不久以后都逐渐成为现实。“嫦娥奔月”是中国古代一个美丽的神话传说，古今中外还有许多作家都创作出了以人类飞向月球为题材的故事，这个人类的梦想终于在 20 世纪 60 年代末实现了，美国的“阿波罗”号宇宙飞船载着两名宇航员登上了月球。美国工业设计师诺曼贝尔盖茨（Norman Bell Geddes）1940 年在“建设明天的世界”博览会中，代表通用汽车公司设计了“未来世界”展台，为未来的美国设计出环绕交错、贯穿大陆的高速公路，并预言：“美国将会被高速公路所贯穿，驾驶员不用在交通信号前停车，而可以一鼓作气地飞速穿越这个国家”。尽管当时有许多人对此表示怀疑，甚至提出反对意见，但这一预言现在已变成现实。高速公路以其安全、快速、实用的功能和美观的造型遍布全世界，为大自然增添了一道独特的景观。

艺术创造的超前思维强调通过形象来反映和描绘世界。现代艺术创作除了艺术形式之外，还要与人们社会生活中的各个有关方面联系起来。超前思维训练能够帮助我们在艺术创作的过程中积极主动地面向未来，并从幻想中寻找思路，在创新中实现理想。

（二）流畅性与敏捷性的训练

思维的流畅性和敏捷性通常是指思维在一定时间内向外“发射”出来的数量和对外界刺激物做出反应的速度。我们说某人的思维流畅、敏捷，则是指他对所遇到的问题在短时间就能有多种解决的方法。如在最短的时间里对某事物的用途、状态等作出准确的判断，提出最多的处理方法。

据科研人员用现代化仪器测定，人的思维神经脉冲沿着神经纤维运行，其速度大约为每小时 250 公里。不同的人其思维的流畅性和敏捷性是有区别的。例如，人们面对同样一个问题，有的人想不出解决的办法，有的人能作出十几种乃至几百种判断并迅速想出相应的处理方法。

思维的流畅性和敏捷性是可以训练的，并有着较大的发展潜力。如美国曾在大学生中进行了“暴风骤雨”联想法训练，其实质就是训练学生的思维以极快的速度对事物作出反应，以激发新颖独特的构思。在教师给出题目之后，学生将快速构思时涌现出的想法一一记载下来，要求数量多，想法好，最后再对这些构思进行分析判断。经过这方面的训练，人们发现，受过这种训练的学生与没有受过训练的学生相比，思维的敏捷性大大提高，思维也更加活跃。

（三）侧向与逆向思维训练

在日常生活中常见人们在思考问题时“左思右想”，说话时“旁敲侧击”，这就是侧向思维的形式之一。在视觉艺术思维中，如果只是顺着某一思路思考，往往找不到最佳的感觉而始终不能进人最好的创作状态。这时可以让思维向左右发散，或作逆向推理，有时能得到意外的收获，从而促成视觉艺术思维的完善和创作的成功。这种情况在艺术创作中非常普遍。达·芬奇创作《最后的晚餐》时，出卖基督的叛徒犹大的形象一直没有合适的构思，他循着正常的思路苦思冥想，始终没有找到理想的犹大原型。直到一天修道院院长前来警告画家，再不动手画就要扣他的酬金。达·芬奇本来就对这个院长的贪婪和丑恶感到憎恶，此刻看到他，达芬奇转念一想何不以他作为犹大的原型呢？于是他立即动笔把修道院院长画了下来，使这幅不朽名作中每个人都具有准确而鲜明的形象。在一定的情况下，侧向思维能够起到拓宽和启发创作思路的重要作用。

逆向思维是超越常规的思维方式之一。按照常规的创作思路，有时我们的作品会缺乏创造性，或是跟在别人的后面亦步亦趋。当你陷人思维的死角不能自拔时，不妨尝试一下逆向思维法，打破原有的思维定势，反其道而行之，开辟新的艺术境界。古希腊神殿中有一个可以同时向两面观看的两面神。无独有偶，我们中国的罗汉堂里也有个半个脸笑、半个脸哭的济公和尚。人们从这种形象中引申出“两面神思维”方法。依照辩证统一的规律，我们进行视觉艺术思维时，可以在常规思路的基础上作逆向型的思维，将两种相反的事物结合起来，从中找出规律。也可以按照对立统一的原理，置换主客观条件，使视觉艺术思维达到特殊的效果。

从古今中外服装艺术的发展历程中我们可以看出，时装流行的走向常常受到逆向思维的影响。当某一风格广为流行时，与之相反的风格即要兴起了。如在某一时期或某种环境下，人们追求装饰华丽、造型夸张的眼饰装扮，以豪华绮丽的风格满足自己的审美心理。当这种风格充斥大街小巷时，人们又开始进行反思，从简约、朴实中体验一种清新的境界，进而形成新的流行风格。现代众多有创新意识的服装设计师在自己的创作理念上，往往运用逆向思维的方法进行艺术创作。“多一只眼睛看世界”，打破常规，向你所接触的事物的相反方向看一看，遇事反过来想一想，在侧向——逆向——顺向之间多找些原因，多问些为什么，多几个反复，就会多一些创作思路。在艺术创作过程中，运用逆向思维方法，在人们的正常创意范畴之外反其道而行之，有时能够起到出奇制胜的独特艺术效果。

（四）求同与求异思维训练

艺术的求同、求异思维，用一个形象的比喻，就是以人的大脑为思维的中心点，思维的模式从外部聚合到这个中心点，或从中心点向外发散出去。以此为基础，又引申出思维的方向性模式，即思维的定向性、侧向性和逆向性发展。对于艺术的思维形式来说，这几个方面都是进行艺术创作过程中非常重要的因素。了解、掌握并有意识地进行这种思维方法的训练，有利于我们在现代艺术创作中充分开发艺术潜力，提高视觉艺术思维的效率和创作能力。

求同思维就是将在艺术创作过程中所感知到的对象、搜集到的信息依据一定的标准“聚集”起来，探求其共性和本质特征。求同思维的运动过程中，最先表现出的是处于朦胧状态的各种信息和素材，这些信息和素材可能是杂乱的、无秩序的，其特征也并不明显突出。但随着思维活动的不断深入，创作主题思路渐渐清晰明确，各个素材或信息的共性逐渐显现出来，成为彼此相互依存、相互联系具有共同特征的要素，焦点也逐渐地聚集于思维的中心，使创作的形式逐渐地完善起来。

求异思维是以思维的中心点向外辐射发散，产生多方向、多角度的捕捉创作灵感的触角。我们如果把人的大脑比喻为一棵大树，人的思维、感受、想象等活动促使“树枝”衍生，“树枝”越多，与其他“树枝”接触的机会越多，产生的交叉点（突触）也就越多，并继续衍生新的“树枝”，结成新的突触。如此循环往复，每一个突触都可以产生变化，新的想法也就层出不穷。人类的大脑就是依照这种模式进行思维活动的。人们每接触一件事、看到一个物体，都会产生印象和记忆，接触的事物越多，想象力越丰富，分析和解决问题的能力也就越强。这种思维形式不受常规思维定势的局限，综合创作的主题、内容、对象等多方面的因素，以此作为思维空间中一个个中心点，向外发散吸收诸如艺术风格、民族习俗、社会潮流等一切可能借鉴吸收的要素，将其综合在自己的视觉艺术思维中。因此，求异思维法作为推动视觉艺术思维向深度和广度发展的动力，是视觉艺术思维的重要形式之一。

求同思维与求异思维是视觉艺术思维过程中相辅相成的两个方面。在创作思维过程中，以求异思维去广泛搜集素材，自由联想，寻找创作灵感和创作契机，为艺术创作创造多种条件。然后运用求同思维法对所得素材进行筛选、归纳、概括、判断等，从而产生正确的创意和结论。

这个过程也不是一次就能够完成的，往往要经过多次反复，求异—求同—再求异—再求同，二者相互联系，相互渗透，相互转化，从而产生新的认识和创作思路。

（五）广度与深度的训练

思维的广度是指要善于全面地看问题。假设将问题置于一个立体空间之内，我们可以围绕问题多角度、多途径、多层次、跨学科地进行全方位研究，因此有人称之为“立体思维”。这是非常有效的视觉艺术思维训练的方法之一，它让人们学会全面、立体地看问题，观察问题的各个层面，分析问题的各个环节，大胆设想，综合思考，有时还要作突破常规、超越时空的大胆构想，从而抓住重点，形成新的创作思路。

视觉艺术思维的广度表现在取材、创意、造型、组合等各个方面的广泛性上。从广阔的宏观世界到神秘的微观世界，从东方与西方的文化交流，从传统理念与现代意识的融合，都是我们进行视觉艺术创作所要涉及的内容。在现代视觉艺术设计中，思维的广度似乎更加重要。有时设计一件艺术作品，不仅仅要依靠艺术方面的知识来指导，还要得到其他学科诸多方面的支持。如进行环境艺术设计时，设计师不仅要有艺术素养，还需要有建筑学、数学、人体工程学、人文、历史、环境保护等多方面的知识。

思维的深度是指我们考虑问题时，要深入到客观事物的内部，抓住问题的关键、核心，即事物的本质部分来进行由远到近、由表及里、层层递进、步步深入的思考。我们将其形容为“层层剥笋”法。在视觉艺术思维过程中，思维的深度直接关系到艺术创作的成败。

我们在进行艺术创作时，要善于透过现象看本质，客观、辩证地看问题，不要为事物的表面现象所迷惑。其他思维形式也如此，但在视觉艺术思维中则更为突出。许多成功的艺术范例都说明了这一点。视觉艺术是以塑造形象达到审美愉悦为主要目的的，在形象的塑造过程中，不要只罗列现实中的一些表面现象，而要注重形象的精神面貌、意境表现。

思想内涵等多方面的表达，要将这些作为艺术创作中的主要思考内容。具有一定艺术深度的艺术作品，才能让观赏者回味无穷。产生共鸣，体味其中的艺术魅力。一般说来，如果一件艺术作品具有较高的思想性、较深的艺术内涵和较好的艺术表现力，那么就说明作者的思维具有一定的深度。

（六）灵感捕捉训练

灵感思维是视觉艺术思维中经常使用的一种思维形式。在创作活动中，人们潜藏于心灵深处的想法经过反复思考而突然闪现出来，或因某种偶然因素激发突然有所领悟，达到认识上的飞跃，各种新概念、新形象、新思路、新发现突然而至，犹如进入“山穷水尽疑无路，柳暗花明又一村”的境地，这就是灵感。灵感的出现是思维过程必然性与偶然性的统一，是智力达到一个新层次的标志。在艺术家、文学家、科学家的头脑中，灵感随时随地都有可能出现，灵感能够使他们创意无限，获得成就。

灵感思维是潜藏于人们思维深处的活动形式，它的出现有着许多偶然的因素，并不能以人们的意志为转移，但我们能够努力创造条件，也就是说要有意识地让灵感随时突现出来。这就需要了解和掌握灵感思维的活动规律，如灵感的突发性，灵感在思维过程中的不连贯性、不稳定性、跳跃性、迷狂性等多种特点，从而加强各方面知识的积累，勤于思索。列宾说过：“灵感不过是顽强劳动所获得的奖赏”。但这种灵感的到来并不是空穴来风，“得之在俄顷，积之在乎日”，辛勤的劳动、艰苦的探索，善于观察、勤于思考，是灵感发生的先决条件。

同时，我们还要学会及时准确地捕捉住转瞬即逝的灵感火花，不放弃任何有用的、可取的闪光点，哪怕只是一个小小的火星也要牢牢地抓住，这颗小小的火星很可能就是足以燎原的智慧火花。在许多艺术家的创作设计生涯中都有这样的体验。如米开朗基罗在创作罗马教堂壁画的过程中，为了以壮观的场面表现上帝的形象，他苦思冥想，没有满意的构思。一天暴风雨过去后，他去野外散步，看到天上白云翻滚，其中状如勇士的两朵白云飘向东升的太阳，他顿时彻悟，突发灵感，立刻回去着手进行创作，绘出了气势浩大的创世纪杰作。有一次肖邦养着的一只小猫在他的钢琴键盘上跳来跳去，出现了一个跳跃的音程和许多轻快的碎音，这个现象点燃了肖邦灵感的火花，由此创作出了《F 大调圆舞曲》的后半部分旋律，据说这个曲子又有“猫的圆舞曲”的别称。这些都是艺术家抓住突然闪烁的灵感火花而创作出的优秀作品范例。又如，视觉艺术家在创作过程中，某个偶然的事件和突发的因素能使艺术家那模糊不清、反复思考却无结果的概念突然清晰起来。

（七）诱导创意训练

由于艺术创作中有许多具体的形象或形式存在，在视觉艺术思维训练的过程中，我们可以结合这些特点进行带有诱导性的提示。如视觉艺术思维能否通过对艺术用材的选择进行有目标的诱导，对形象的构成用不同的方法进行重新处理，形成新的艺术形象；对相同或相近的对象（同类成异类）用类比的方法加以诱导，使我们的艺术创作在进行过程中受到较多较好的提示，从而增强视觉艺术思维的效果。

三、创新性思维的表现形式及其特点

创新性思维的关键在于怎样具体地去进行创新性的思维。创新性思维的重要诀窍在于多角度、多侧面、多方向地看待和处理事物、问题和过程。具体地表现在以下几个方面：

（一）形象思维

“形象思维”这个术语在文艺理论界比较流行，它是一种以反映事物属性的表象为思维元素与思维载体的思维。形象思维可以形成产生一定的灵感或顿悟，“形象性”是它的基本特征，它不仅反映对象的形象，使用形象性的思维工具如观念形象、具体概念、形象的语言以及各种图形等，还以形象媒介作为传达思想、意象的手段，如模型、动作、表情以及各种仪式等。不同类型的形象，其具体物质特征可能不尽相同，但它们作为同一种思维方式，又有下面一些共同特点：

1. 形象性。这是形象的明显特点。人们通过社会生活与实践将丰富多彩的事物形象储存于记忆中形成表象，成为想象的素材。想象的过程是以表象或意想的分析和选择为基础的综合过程。想象所运用的表象以及产生的形象都是具体的、直观的。即使在研究抽象的科学理论时，人们也可以利用想象把思想具体化为某种视觉的、动觉的或符号的图像，将问题和设想在头脑中构成形象，用活动的形象来思维。如爱因斯坦在研究相对论时，就利用“火车”“电梯”“引力定律”等一些抽象的概念。抽象的理论或概念在思维过程中往往带有僵硬性，它的内容变化比较缓慢，常适应不了新的问题变化的要求。同时，在思维中概念的运演也要受逻辑框框的束缚，而直观的形象在思维过程中较概念更灵活、较少有保守性。

2. 创新性。形象具有很大的创新性，因为它可以加工表象，多样式性的加工本身就是创新。如人们可以按主观需求或幻想分解或打乱表象、抽象、强化表象等。由于形象带有浓烈的主观随意性和感情色彩，所以就表现出丰富多彩的创新性。

3. 概括性与幻想性。运用形象的思维活动并不是一种感性认识形式，而是具有形象概括性的理性认识形式，是由感性具体经过一系列的提炼和形象运演来进行的。与概括性互补的是形象中包含的猜想与幻想成分。它们是一种高于感知和表象的崭新意识活动。它更能在不确定情况中发挥人们创新性探索的积极性，有助于突破直接的现实感性材料的局限。

（二）理论思维

理论思维指以科学的原理、概念为基础来解决问题的思维活动。例如：用“水是生命之源”的理论来解释干旱对世界万物的影响。理论一般可理解为原理的体系，是系统化的理性认识。理论思维是指使理性认识系统化的思维形式。这种思维形式在实践中应用很多，如系统工程就是运用系统理论思维来处理一个系统内和各个有关问题的一种管理方法。钱学森认为，系统工程是组织管理系统的规划、研究设计、创新试验和使用的科学方法。又如，有人提出“相似论”，也是科学理论思维的范畴，即人见到鸟有翅膀能飞，就根据鸟的翅膀，鸟体几何结构与空气动力和飞行功能等相似原理发明了飞机，有的也称“仿生学”。还有在企业组织生产中，也有很多地方要用到理论思维。因此说，理论思维是一种基本的思维形式。因此，为了把握创新规律，就要认真研究理论思维活动的规律，特别是创新性理论思维的规律。理论思维的具体方式主要是以下三个方面：

一是归纳与演绎。归纳是从一些个别事物概括出一般性结论的思维方法，而演绎则是从一般到认识个别事物的思维方法。把握矛盾的普遍性与特殊性，力求结论从实践中来，到实践中去，最后达到归纳与演绎相结合。

二是分析与综合。分析是把整体分解为各个部分进行认识的思维方法，而综合则是把对事物各个部分的认识有机结合而达到对事物整体认识的思维方法。分析与综合是统一思维的两个侧面，它们是互为前提、互相补充、互相渗透、互相转化的。

三是抽象与具体。抽象是指把客观事物的某一方面特性与其他特性分离开来，给予单独考虑的思维方法，而具体则是指对客观事物多样规定性的统一思维，达到理性具体的思维方法。抽象是一个感性的过程，具体是一个理性的过程。

（三）多向思维

是求异思维最重要的形式，表现为思维不受点、线、面的限制，不局限于一种模式，既可以是从尽可能多的方面去思考同一个问题，也可以从同一思维起点出发，让思路呈辐射状，形成诸多系列。它最直接的效果是能避免思路闭塞、单一和枯竭。并且从这种扩散的思考中求得常规的和非常规的多种设想的思维。多向思维的概念，最早是由武德沃斯于 1918 年提出，以后斯皮尔曼、卡推尔作为一种“流畅性”因素而使用过。美国心理学家吉尔福特在“智力结构的三维模式”中，便明确地提出了发散性思维，也即是多向思维。他认为，发散思维是从给定的信息中产生信息，其着重点是从同一的来源中产生各种各样的为数众多的输出。

所谓“多向思维”，实质上是指使思考中信息朝多种可能的方向扩散，以引出更多的新信息的发散性思维。它的特点一是“多端”，对一个问题可以多开端，产生许多联想，获得各式各样的结论。二是“灵活”，对一个问题能根据客观情况变化而变化。三是“精细”，能全面细致地考虑问题；四是“新颖”，答案可以有个体差异，各不相同，新颖不俗。在20世纪50年代后，通过对发散性思维的研究，进一步提出了发散性思维的流畅度（指发散的量）、变通度（指发散的灵活性）和独创度（指发散的新奇成分）三个维度，而这些特性是创新性思维的重要内容。人的多向性思维能力是可以通过锻炼而提高的，其要点是：首先，遇事要大胆地敞开思路，不要仅仅考虑实际不实际，可行不可行，这正如一个著名的科学家所说：“你考虑的可能性越多，也就越容易找到真正的诀窍。”

其次，要努力提高多向思维的质量，单向发散只能说是多低水平的发散。其三，坚持思维的独特性是提高多向思维质量的前提，重复自己脑子里传统的或定型的东西是不会发散出独特性的思维的。只有在思维时尽可能多地为自己提出一些“假如……”“假设……”“假定……”等，才能从新的角度想自己或他人从未想到过的东西。

（四）侧向思维

“他山之石，可以攻玉”。当我们在一定的条件下解决不了问题或虽能解决但只是用习以为常的方案时，可以用侧向思维来产生创新性的突破。具体运用方式有以下三种：

1. 侧向移入。这是指跳出本专业、本行业的范围，摆脱习惯性思维，侧视其他方向，将注意力引向更广阔的领域或者将其他领域已成熟的、较好的技术方法、原理等直接移植过来加以利用；或者从其他领域事物的特征、属性、机理中得到启发，导致对原来思考问题的创新设想。鲁班由茅草的细齿拉破手指而发明了锯；威尔逊移入大雾中抛石子的现象，设计了探测基本粒子运动的云雾器等。大量的事例说明，从其他领域借鉴或受启发是创新发明的一条捷径。

2. 侧向转换。这是指不按最初设想或常规直接解决问题，而是将问题转换成为它的侧面的其他问题，或将解决问题的手段转为侧面的其他手段，等等。这种思维方式在创新发明中常常被使用。如在“网络热潮”中，兴起了一批网络企业，但真正最终赢利的是设备提供商。

3. 侧向移出。与侧向移入相反，侧向移出是指将现有的设想、已取得的发明、已有的感兴趣的技术和本厂产品，从现有的使用领域、使用对象中摆脱出来，将其外推到其他意想不到的领域或对象上。这也是一种立足于跳出本领域，克服线性思维的思考方式。如将工程中的定位理论用在营销中。总之，不论是利用侧向移入、侧向转换还是侧向移出，关键的窍门是要善于观察，特别是留心那些表面上似乎与思考问题无关的事物与现象。这就需要在注意研究对象的同时，要间接注意其他一些偶然看到的或事先预料不到的现象。也许这种偶然并非是偶然，可能是侧向移入、移出或转换的重要对象或线索。

（五）逆向思维

敢于“反其道而思之”，让思维向对立面的方向发展，从问题的相反面深入地进行探索，树立新思想，创立新形象。当大家都朝着一个固定的思维方向思考问题时，而你却独自朝相反的方向思索，这样的思维方式就叫逆向思维。人们习惯于沿着事物发展的正方向去思考问题并寻求解决办法。其实，对于某些问题，尤其是一些特殊问题，从结论往回推，倒过来思考，从求解回到已知条件，反过去想或许会使问题简单化。哲学研究表明，任命事物都包括着对立的两个方面，这两个方面又相互依存于一个统一体中。人们在认识事物的过程中，实际上是同时与其正反两个方面打交道，只不过由于日常生活中人们往往养成一种习惯性思维方式，即只看其中的一方面，而忽视另一方面。如果逆转一下正常的思路，从反面想问题，便能得出一些创新性的设想。如管理中的“鲶鱼效应”、需改变传统的“对固定路径的依赖”。

逆向性思维具有以下特点：

1. 普遍性。逆向性思维在各种领域、各种活动中都有适用性，由于对立统一规律是普遍适用的，而对立统一的形式又是多种多样的，有一种对立统一的形式，相应地就有一种逆向思维的角度，所以，逆向思维也有无限多种形式。如性质上对立两极的转换：软与硬、高与低等；结构、位置上的互换、颠倒:上与下、左与右等；过程上的逆转：气态变液态或液态变气态、电转为磁或磁转为电等。不论哪种方式，只要从一个方面想到与之对立的另一方面，都是逆向思维批判性。逆向是与正常比较而言的，正向是指常规的、常识的、公认的或习惯的想法与做法。逆向思维则恰恰相反，是对传统、惯例、常识的反叛，是对常规的挑战。它能够克服思维定势，破除由经验和习惯造成的僵化的认识模式。

2. 新颖性。循规蹈矩的思维和按传统方式解决问题虽然简单，但容易使思路僵化、刻板，摆脱不掉习惯的束缚，得到的往往是一些司空见惯的答案。其实，任何事物都具有多方面属性。由于受过去经验的影响，人们容易看到熟悉的一面，而对另一面却视而不见。逆向思维能克服这一障碍，往往是出人意料，给人以耳目一新的感觉。

（六）联想思维

联想思维的主要思维形式包括幻想、空想、玄想。其中，幻想，尤其是科学幻想，在人们的创造活动中具有重要的作用。是指由一个事物外部构造、形状或某种状态与另一种事物的类同、近似而引发的想像延伸和连接。是指联想物和触发物之间存在一种或多种相同而又具有极为明显属性的联想。即由所感知或所思的事物、概念或现象的刺激而想到其他的与之有关的事物、概念或现象的思维过程。联想是每一个正常人都具有的思维本能。由于有些事物、概念或现象往往在时空中伴随出现，或在某些方面表现出某种对应关系，这些联想由于反复出现，就会被人脑以一种特定的记忆模式接受，并以特定的记忆表象结构储存在大脑中，一旦以后再遇到其中的一个时，人的头脑会自动地搜寻过去已确定的联系，从而马上联想到不在现场的或眼前没有发生的另外一些事物、概念或现象。联想的主要素材和触媒是表象或形象。表象是对事物感知后留下的印象，即感知后的事物不在面前而在头脑中再现出来的形象。表象有个别表象、概括表象与想象表象之分，联想主要涉及前两种，想象才涉及最后一种。按亚里士多德的三个联想定律——“接近律”“相似律”与“矛盾律”，可以把联想分为相近、相似和相反的三种类型，其他类型的联想都是这三类的组合或具体展开。

1. 相近联想。指联想物和触发物之间存在很大关联或关系极为密切的联想。例如看到学生想到教室、实验室及课本等相关事物。

2. 相似联想。这是指由一个事物或现象的刺激想到与它在外形、颜色、声音、结构、功能和原理等方面有相似之处的其他事物与现象的联想。世界上纷繁复杂的事物之间是存在联系的，这些联系不仅仅是与时间和空间有关的联系，还有很大一部分是属性的联系。如学习中的“高原现象”与企业成长阶段的“瓶颈”；“狐借虎威”与“品牌联盟”；战场上的战术与商场竞争中的策略等。相似联想的创新性价值很大。随着社会实践的深入，人们对事物之间的相似性认识越来越多，极大地扩展了科学技术的探索领域，解决了大量过去无法解决的复杂问题。利用相似联想，首先要在头脑中储存大量事物的“相似块”，然后在相似事物之间进行启发、模仿和借鉴。由于相似关系可以把两个表面上看相差很远的事物联系在一起，普通人一般不容易想到，所以相似联想易于导致创新性较高的设想。

3. 相反联想。这是指由一个事物、现象的刺激而想到与它在时间、空间或各种属性相反的事物与现象的联想。如由黑暗想到光明，由放大想到缩小等等。相反联想与相近、相似联想不同，相近联想只想到时空相近面而不易想到时空相反的一面；相似联想往往只想到事物相同的一面，而不易想到正相对立的一面，所以相反联想弥补了前两者的缺陷，使人的联想更加丰富。同时，又由于人们往往习惯于看到正面而忽视反面，因而相反的联想又使人的联想更加多彩，更加富于创新性。

4. 相关联想。是指联想物和触发物之间存在一种或多种相同而又具有极为明显属性的联想。例如看到鸟想到飞机。

5. 对比联想。指联想物和触发物之间具有相反性质的联想。例如看到白色想到黑色。

6. 因果联想。源于人们对事物发展变化结果的经验性判断和想象，触发物和联想物之间存在一定因果关系。如看到蚕蛹就想到飞蛾，看到鸡蛋就想到小鸡。

第四节 传统思维与原则

一、关于“文化”的含义和中国人思维方法特点的简述

文化（culture）是一个非常广泛的概念，给它下一个严格和精确的定义是一件非常困难的事情。“文化”从内涵来讲，是指人类在社会历史发展过程中所创造的物质财富和精神财富的总和，特指精神财富，包括文学、艺术、教育、科学等。文化从层面上讲，一般可以从三个方面来理解，即物质层面的文化（人类所创造的物质文明的总和）；制度文化（人类社会的各种不同政治制度）和观念（即各个不同民族的思想观念和意识形式）。本文所讲的主要是指中国传统文化，尤以儒家、道家文化为主，因为儒家、道家文化是中国传统文化发展的主线，其他文化的影响是一时或是有限的，儒家、道家文化也是中国历代封建统治者推行的思想文化。

不少哲学家、社会学家、人类学家、历史学家和语言学家一直努力，试图从各自学科的角度来界定文化的概念。然而，迄今为止仍没有获得一个公认的、令人满意的定义。据统计，有关“文化”的各种不同定义至少有两百多种。笼统地说，文化是一种社会现象，是人们长期创造形成的产物，同时又是一种历史现象，是社会历史的积淀物。确切地说，文化是凝结在物质之中又游离于物质之外，能够被传承的国家或民族的历史、地理、风土人情、传统习俗、生活方式、文学艺术、行为规范、思维方式、价值观念等，是人类之间进行交流的普遍认可的一种能够传承的意识形态。东西方的辞书或百科中对文化有一个较为共同的的解释和理解：文化是人类所创造的物质财富与精神财富的总和。

中国传统思维方法的总体特点是：从整体性出发，以整体的观点来描述世界；从“致用”出发，强调认识的实践性；思维的直观性和概念的模糊性，以及认识论上的伦理倾向等等。

在古代，由于科学文化知识非常低下，思维方法具有相互直观的经验方法并具有一定的思辨方法。人类思维方法的重大进步是从 14 世纪末 15 世纪初开始的。这时期，欧洲开始从封建社会向资本主义社会过渡。这一时期科技发明及文化取得了巨大成就，也极大地推动思维方法论的发展，以波兰天文学家哥白尼的“太

阳中心学”的提出到以经典物理学家牛顿的“上帝的第一次推动”而结束；以孔德和斯宾塞等人实证主义哲学及其带来的机械的、形而上学的思维方法，统治人类思维近200年。

思维方式是科学理论创新的内在根据，规定了科学理论发展的方向，决定着科学家集团认识问题、解决问题的方式。孕育近代科学的根本原因是西方近代思维方式，是那种以人的理性为核心的思维方式，是那种分析方法、实验方法、数学方法、逻辑方法和综合方法等相结合的思维方式。这种思维方式致使西方近代科学遥遥领先。我们只有借鉴西方近代思维方式，进行一场思维方式转换，才能创造中国科学发展的辉煌。

从人类思维论的发展可以看出文化与思维方法是相互影响、相互制约发展的。中国传统思维与西方思维方法的不同是由不同民族文化差异造成的。

二、中国传统文化对中国传统思维方法的影响

中国传统的思维模式，最有特色的是整体思维、直观思维、类比思维、辩证思维。春秋战国时代，百家争鸣，思想异常活跃，具有互补关系的儒道两家，基本上奠定了中国古代思想的理论基础，进而确立了传统理论思维的基本框架。秦汉代大一统的封建帝国的建立，导致了传统思想，文化的一体化，从统一度、量、衡、文学到“罢黜百家，独尊儒术”，政治制度，思想文化的统一，导致了传统思想方式的一体化，随后虽几经演变，虽有佛学传入的交融，但以儒家为主体、儒道互补的思维模式却始终居于主导地位。到了宋明时期，中国封建社会发展到高度成熟阶段，宋明理学对传统思维方式作了理论的总结，从内容到形式，从原则到方法，被全面定型为一套系统程式。鸦片战争后，传统的思想和传统思维方式未能被根本动摇。这种局面一直持续到“五四”运动后，才开始有了新的转机。在漫长的历史发展长河中，被一再积淀和不断强化的中国传统思维方法，具有很强的稳定性，连续性和极鲜明的特点。

在中国传统哲学中儒家和道家都强调整体观念。先秦诸子百家中，儒、道、墨、法、阴阳、名六家属第一流的大学派。汉以后，法、阴阳、名三家，其基本思想为儒、道吸收，不再成为独立学派，墨家中绝，唯有儒、道两家长期共存，互相竞争，互相吸收，形成中国传统文化中一条纵贯始终的基本发展线索。只有对儒家和道家作比较研究，才能在对立中准确把握道家的特质，并进而全面了解儒学和传统文化。同时，道家在东汉以后又与道教存在着若即若离的关系，道家一方面有着自己相对独立的传承系统，另一方面又与道教相亲缘，或被容纳，或被发挥，或被改造，形成道家思想发展中的支流旁系。正由于此，历史上既有辨析道家与道教之为异学者，也常有用道家统称老庄之学与道教者，两者关系之扑朔迷离，使现代学者大伤脑筋。为了深入揭示道家的内涵和梳理道教的流派，也

必须对道家相道教的异同作一番历史考察。

一定时期的思维方式是一定时期政治经济文化、制度的产物。中国今天所继承的传统思维方法主要是封建时代，特别是秦统一到明清时代的遗存，但追根溯源，至少在商周时期就已基本确定了它的发展趋势。很早以来，农业生产就是古代中国经济生活的主要内容。血缘家族的长期存留和延续，华夏中原地区统一氏族的较早形成，是中国传统思维方法孕育和形成的广大浓厚的土壤。以象形文字为主要制作手段，体现奴隶制严格规范的“礼”，表现在先民们情感生活的“乐”，这些古代人们思维活动的主要工具和精神生活的重要形式，既是古代思维方式初步形成的表现，同时又作为基本不变的因素，绵延于五千年中国历史文化的长河中，规定了中国传统思维方法发展的总的走向。

“中国传统的理论思维方式也是中国传统文化整体的一个方面，是在古代哲学、政治、文化、科学活动中，隐藏在背后起作用的因素。它的特质及其命运，只有透过中国古代社会生活的各层面及其变化才能被理解”。在历史上，中国传统文化有极强的应变能力，对外来的异质文化也有较强的融合能力，尤其是对佛教文化的吸收与融合就表明这一点。但这只是问题的一个方面，从另一个角度看，这种融合同化过程却有明显的排异性。融合首先是选择，对佛教文化的融合与同化，是以中国的儒道传统为本体进行选择和过滤的结果。事实上，佛教文化中也只有与中国传统文化相近相通的部分才被吸收，而更多的异质因素则被排除。这种排异性正是中国传统文化，它包括传统思维方式的稳定性和独特性的表现，但同时也日益强化着它的封闭性和保守性。中国古代思想家习惯于用人道直接推断天道。由天道直接规范人道，把日常人伦与形而上学直接结合。用形而上学思辨取代对具体事物的研究，这是中国古代自然哲学的共同特点。中国古代的“天人合一”论与人们的日常人伦关系密切相关，对思维结构的影响是很深刻的，甚至直到现在人们对理论与实践的关系的理解中也还常常出现的影子。

三、中国传统思维方式走向现代化的思考

中国传统文化有数千年历史。时间长，在其发展的每一个阶段，都要增加一些东西，因此内容十分丰富，构成成分极其复杂。有许多东西是好的，有许多东西是糟粕。而精华与糟粕又往往混在一块，这使后人感到困惑，因为分明有着太多的腐朽成分。因为中国传统文化又有许多至可宝贵的东西。不得不说，中国传统文化的构成复杂的这个特点，令后人感到十分尴尬。在加快推进社会主义现代化建设的过程中，中国传统思维方式必须在保持本民族传统优势的基础上与西方传统思维方式进行整合，借鉴西方传统思维方式的长处，克服自身的缺陷，建立一种更加科学有效的认识世界和改造世界的思维方式，对中国传统思维方式进行变革应包括以下几点：

1. 确立科学理性的思维方式。

理性思维是一种有明确的思维方向，有充分的思维依据，能对事物或问题进行观察、比较、分析、综合、抽象与概括的一种思维。说得简单些理性思维就是一种建立在证据和逻辑推理基础上的思维方式。因此，在高科技神速发展的当代，应该深刻认识其局限性与保守性，努力使思维方式具有坚定的理论思维依据，突出科学理性。要做到这点，首先，必须引导人们的注意力从聚焦于对人生、人事、人际关系的主观世界的揣摩、探索，扩大到人与人、人与自然、人与社会的整个世界的科学探索上，更多地应用科学理性的思维方式，客观公正、精确严密地认识世界和改造世界。恩格斯所说："一个民族要想站在科学的最高峰，就一刻也不能没有理性思维"。因此，科学性是思维方式不可或缺的属性。

其次，理性思维能力不是与生俱来的，而是需要后天刻苦的学习和训练，其中自然科学的学习对理性思维能力的养成意义重大，但这只是必要条件而不是充分条件。科学理性精神的实质是崇尚探索、质疑，以事实为基本出发点，重视逻辑思维和实证分析，追求事物的精确性和规律性。为此要弘扬质疑、批判精神，破除唯上、唯书、唯权威的思维习惯，通过概念、判断、推理、演绎、归纳、分析、综合等逻辑思维方式对事物进行由表及里、由感性到理性、由现象到本质的科学认识。还应当重视科学实证方式，大胆假设，严密论证。不仅对自然界的研究，即使对人类社会的研究，也要重视观察、实验、数理统计等实证方法，将定性分析与定量分析相结合，促进认识的严密精确。

2. 确立个体独立性思维方式。

思维的独立性，其实就是每个人都要有自己的思维空间，要先有自己的判断，而不要被别人一时的冠冕堂皇或者一时的众口铄金所迷惑，要么甘拜屈从，要么缴械投降，要么人云亦云。当然，思维独立并不是说让你处处与众不同，处处鹤立鸡群，处处让别人觉得你格格不入。个人的思维独立不等同于故作清高，不等同于所谓的超凡入圣，因为，往往思维独立的极端就是因为为独立而独立随之附来的自作聪明，自诩清高，自我独断。

思维独立只是说在信息流通大脑一圈之后，作为个体的我们一个信息加工与提炼并迸发的过程！根据我国传统思维方式过分强调集体（整体）性忽视甚至抹杀个体性的弊端，面向知识经济时代更应该强调个体思维的独立性。独立性是一个人所具备的基本特征，更是现代人所必需的时代精神。没有独立性就不会有自己的个性，更不可能有什么创造性。一个人云亦云、唯书唯上的人，只能是一个平庸之辈。这种意识如果成了一个民族的普遍心理，又不去改变它，这个民族将与现代化无缘。当然，我们强调思维主体的独立性，并不排斥整体性，而是强调要摆脱教条主义、集群理念等各种框框对人的思维方式的束缚，允许、尊重和倡导个人的积极探索。只有在允许个人的独立存在和个性的自由发展的集体和社会中，人们的创新潜能才能充分地发挥，这样的集体和社会才是活生生的具有强大生命力的集体和社会。

3. 多元的思维方式就好像你看到一个人和事物，就看到了整个世界与之的联系，知道问题所在，也知道解决之道。

当你看到很多的人和事物错综复杂的关系时，同样知道问题所在，也知道解决之道。中国传统重人生之道、轻事物之理的内倾性的思维方式很容易造成人们思维的封闭性和保守性，使人们习惯于从现有的知识和传统的经验中寻找解决问题的理论和方法，用过去说明现在，用道德、政治的眼光去观察、判断和评价事物，忽视对世界上的新事物、新变动、新成果的客观了解、借鉴。封闭就意味着落后。特别是在全球一体化的情况下，不同社会制度，不同经济结构，不同意识形态和不同宗教信仰的国家、民族都被联系起来了，任何封闭、孤立自己和与世隔绝的做法都意味着自我淘汰。因此，任何国家、民族必须寻求关系协调中的自我发展。何况在多元世界中，国与国之间、地区与地区之间、民族与民族之间在政治、经济上的利害、合作、依附、从属等种种关系不断分化、重新组合，关系始终处在变动的状态中。因此，根据不断变化的情况，更新、改变思维方式和价值观念，树立更加开放、多元的思维方式，才能保持自我生存与发展。

4.注重求异求变的思维方式。

我国传统中庸调和思想的一个重大的缺陷就是求同思维有余，求异思维不足，只强调“一”而忽视“多”，其结果是导致人们从思想、观念到行动，一切都逐渐陷于僵化、简单化、趋同化，久而久之，人们普遍潜在的创新性思维源泉也必然随之陷于枯竭。创新的思想源泉就是求疑思维，而要树立求疑思维就应当敢于怀疑，勇于质疑，并由此源生出新异、多彩、多元的发展性、创造性、突破性的新构思、新思想、新思维。要培养求异求变的思维方式，就要创造民主宽容的社会环境和支持创新的社会机制，同时要从实际出发，破除主观主义和教条主义的束缚。

四、中国传统文化造就了中国思维方法的独特性

整体思维（或称系统思维）是中国传统思维方式的主体，它表现为“天人合一”的认识观和“人文和合”的社会观。作为思维方式，它具有渗透性、继承性、稳定性等特征。中华民族习惯于把人类和万物作为一个整体来思考，在对事物的认识上注重整体思维，讲究思维的全面性、整体性、综合性。这种整体性思维方式渗透于哲学、道德、法律、科学、艺术、宗教等各个领域，贯穿于政治、经济、外交、生产以及一切日常生活的实践中，一代一代地被人们继承下来并使用着，对我国传统文化的发展产生了深远的影响。

作为强调“天人合一”与“和谐”的中国文化，其思维方法趋于寻求对立面的统一，长于综合而短于分析。“天人合一”“知行合一”“情景合一”是中国古代哲学的三个基本命题。与中国传统哲学不同，欧洲哲学较多强调对立面的冲突与斗争。通常把“此岸世界”与“彼岸世界”，物质与精神、社会与自然、本质与现象、形式与内容等，对立起来。因而在艺术审美中多以悲剧见长，它把统一的世界划分为两个截然不同的世界；物质的世界和精神的世界。在统一的世界图景中，西方人注意发现内在的差别和对立，并对物质和精神两个领域分别作深入的探讨，充分展现世界的多层次性和矛盾性。这种“一切之两分”的分离式的认识方法，我们称之为“具体”或“机械”的世界观或思维方法。

在中国，人类与自然相统一的基础是在人之内，因而有“天道远，人道近”的说法，通过人道的探求从而认识天道，重视自我修养，即可完成平天下的大业，与西方强调人类与自然的对立、冲突，追求个性独立、自由和解放有很大不同。

西方哲学是寻求世界的对立的重大课题“非此即彼”的推理判断成了西方哲学家思考问题的基本方法。由此引发的“线性思维”和“线性推理”的观念。探寻世界的统一性，是中国哲学的本色，“亦此亦彼”就成为中国古代思想家的思维习惯。

五、中西传统思维方式的基本特征及利弊分析

东方传统思维注重悟性、直觉和意象，西方思维注重理性、逻辑和实证，各有优点。作为个人，如果能将东西方思维中的优点统合起来，例如，做事偏重西方思维的理性和逻辑推理，做人采取东方思维的中庸之道，在不同的思维方式中自由转换，游刃有余，也许是比较理想的境界。

知道了东西方思维的特点，我们就可以有针对性地去提高自身在思维上的弱项，逐渐实现思维的整合，理清自己的价值观，也只有这样，才能在当前这个前所未有的思维和价值观混乱的世界上看清事物本质，坚定自己的立场，不会随波逐流，人云亦云。由于中西方民族各有着不同的文化传统和文化背景，具有不同的生产活动方式和发展水平，反映在思维方式上存在着很大的差异，这种差异的不同深深影响了本民族的思维和科学文化沿着不同的道路发展，我们从整体上很难分辨其孰优孰劣，只能从它们各自的利弊来分析。

（一）中国传统思维方式的利弊

中国传统文化以独特的非理性思维方式为主导，并以别具一格的理性思维方式为辅助.中国传统文化的思维方式具有西方科学理性思维所不可替代的重大科技价值。由于中国几千年封建社会以血缘关系为主的家国一体的社会结构方式奠定了家族本位、人伦本位的文化基调，因而反映在思维方式上就表现为以“人本”为逻辑出发点，即以人为万物之本，从自身的特点出发去考察万物，于是在认知

方式上必然把一切“人化”，由人的价值体悟物的价值，以人的规律来取代物的规律，因而，中国传统思维方式带有浓厚的人文色彩，它表现在价值判断上，就是以善代真，以情代理。这种思维特征的优势是注重对人类自身的求索，推动社会伦理道德，社会治理，人文学科等方面的发展，能促进人际关系的沟通与融合，易于形成强大的民族凝聚力和强烈的社会责任感。弊端是忽视对外界的探索，思维易于走向封闭化，即将主体自身作为认识的出发点，对象乃至目的，在某种程序上抹杀了对象的客观性，具有泛情感化的倾向，因而不具备很强的发展后力，在一定程度上束缚了人们对科学的深度和广度进军，这也是近代以来中国科技落伍的重要文化原因之一。

注重整体统一是中国传统思维方式最显著的特征之一。它从整体原则出发，强调事物的相互联系和整体功能，以求得天、地、人、物的和谐统一，即注重“天人合一”“天人和谐”，而不太注重事物的内部结构。这种思维方式视天道与人道，自然与人事为有机整体，使人能下化万物，上参天地，并通过自己的行为制天命而用之，这就能使人们从整体上，全局上把握客体。这一独特的思维方式对于保持人类的生态平衡，促进社会的协调稳定具有十分重要的意义。中国医学、军事、农业、艺术四大实用文化之所以能领先于世界，无不受益于中国传统思维的整体性。但这种笼统的整体直观是主客体不分的，客体的形象与属性、特征与主体的主观体验和神秘的情感融为一体，这就限制了主体对客体的客观描述，且这种整体缺乏对部分的精确分析，缺乏科学实验的基础，因而具有明确的模糊性和笼统性，在一定程度上限制了科学技术的发展。

由整体性思维方式所决定，中国传统思维把体验视为高于理性思辨的一种认识本体的主要方式，它在本质上是一种直觉思维，这种思维的特点在于，它不需概念、判断、推理等逻辑形式，不需对外界事物进行分析，也不需经验的积累，而是完全凭借主体的自觉认可、内心体验，在瞬间把握事物的本质。老子的“涤除玄览”，庄子的“以明、见独”，孟子的“尽心、知性”乃至佛教的“顿悟”和后来程朱的“格物致知”，陆王的“求理于吾心”，等等，都具有直觉思维的特点，直觉思维的本质和规律是知、情、意的高度统一，是悟性、意志和情感的内在联系。直觉思维较之逻辑思维的一个优势是，它能够有效地突破认识的程式化，为思维的发挥提供灵活的想象空间，对于伦理学、美学和文学艺术等人文科学的发展具有积极的影响。弊端是：这种重灵感、轻逻辑，重体验、轻思辨，重直觉、轻论证的思维方式，容易导致思维的模糊和不严密，不利于思维向形式化，定量化发展，妨碍自然科学的发展，容易导致经验主义，教条主义。

中国传统思维强调矛盾双方的联系和统一。如老子的“有无相生、难易相长、长短相形、高下相盈”“祸兮，福之所倚；福兮，祸之所伏”，程颢的“物极必反”，朱熹的“一中生两”等论述都表明，任何事物都包含着相互对立的两个方面，所有对立的两方面都是相互依存、相互包含、相互转化的，体现了辩证法思想。但是，这种建立在唯心主义基础上的朴素辩证法思想存在一个重大缺陷。这就是以追求和解、协调、统一为目的，讲求不偏不倚的中庸哲学，崇尚矛盾的调和统一，不注重矛盾对立面之间的差异、排斥、斗争，这种尚同不尚异、尚统不尚变的中庸思维优势有利于人们和睦相处，促进社会的和谐稳定和人类的和平发展，使得古代中国人在政治、经济、军事、中医等方面取得了令人瞩目的成绩。弊端是从片面追求和夸大矛盾的同一性，忽视斗争性，不符合科学辩证法的精神，容易导致思想的封闭保守，阻碍新事物，新思想的产生，它在一定程度上铸成了中华民族中正持平、均衡保守、循规蹈矩的民族性格和缺少进取、创新的民族精神。

（二）西方传统思维方式的利弊

西方传统思维主要以“物本”为逻辑出发点，具有科学精神。所谓“科学精神”是指自然科学基础上生长出来的文化精神，它具有求真、理性的特点。由于西方人认为万物皆自然，人是自然的一部分，只要知道物之性就能通晓人之性，并且把人和自然看成永恒对立的，二者处于不断的生存竞争中，这样，就形成了站在自然界对面冷静地观察辨析客观物质世界，习惯于把精神与物质对立开来思索的思维方式。这种思维方式的逻辑出发点就是“物本”，即以自然为直接的研究对象，探索自然的内地规律，征服、改造自然，并把一切对象包括人都还原为自然或物来研究，赋予一切对象以物的特性，即“物化”，强调用观察、实验、论证的方法对一切对象进行客观的、理性的研究，反对主体的投入和作用。因而就使得这种思维方式具有科学精神。它的优势是有利于对社会的变革，创新和对自然界的探索，改造，从而促进科技的快速发展和社会的跨越式、质变式发展。弊端是容易造成人与自然的对立，威胁社会的和平稳定，导致人文精神失落尤其是社会道德水准下降。

由于西方认识事物的主客体截然二分的特点，使得他们注重对自然的研究，并使得自然科学如：几何学、物理学，化学等得到迅速发展，同时，也使人们的逻辑思辨能力日益完善，和古希腊罗马奴隶制社会自由论辩中逻辑与修辞的发展，使得西方民族具有善于分析、区别、偏向重局部分析的思维方式，这种思维方式表现在西方绘画上，就是对每个细节力求形似，人物和动物绘画都要以解剖学为基础，静物、风景则讲究透视比例的立体感，审美情趣则注重对审美对象加以系统的条分缕析。在西方，早在古希腊时期，以亚里士多德的演绎为发端，建构了一个相当严密的演绎推理体系，这种逻辑思维强调概念、判断、推理的严密性，到了 16 ~ 17 世纪，培根创立了归纳逻辑，到了 18 世纪末，19 世纪初，罗素创立了现代逻辑实证主义，它以经验为前提，以归纳为方法，以数理逻辑为工具，对科学知识的经验及理论的逻辑结构进行分析。由于重归纳、演绎推理，使得西方文化在对问题进行研究时，偏重于理论体系的建立。西方人在对自然有研究中培养了严谨精确的理性精神和求实精神。这种精神在现实中的落实就是实验，实证。这种方法在近代备受推崇。在近代文艺复兴时期，一切都只有经过实验的检验或理性论证证明其符合理性原则，才能获得生存的权利。这种思维特征的优势是：它们具有严密性、分析性、准确性、论证性、结论也较可靠，它们在使近代科学获得长足进步的同时，也形成了具有批判性的怀疑精神，这种怀疑精神推动着科学的解决一个又一个问题中不断地创新，诞生了一门又一门新学科。弊端是：不易达到对事物直接与全体的认识，而且过于注重分析、实验、实证容易造成思维的片面性、固定性、反映在哲学上就表现了机械唯物主义和形而上学。

综上对中西传统思维方式的不同特征和利弊的分析，可见各具特色、各自具有合理的内核和价值，也各有利弊，其中中国传统思维方式对于中华民族灿烂文明的贡献功不可没，但其封闭保守、漠视个性、忽视理性等诸多弱点阻碍了中华民族的创新发展步伐。因此，必须对中国传统思维方式进行变革。

第五节 创意新思维

一、新思维

都说这是一个需要创意的时代，都说创意是动动脑子就赚钱的捷径。可是，从来没有人告诉过我们到底什么是创意，即便是我们学的最需要创意的设计。很多时候，我们所谓的创意只是一堆毫无价值的天马行空。在物欲充斥人的视觉范围的时代里，人们越来越渴望看到些能够给人心灵温暖和平静的东西，可以让人不用有过多的压力和要求，便可以得到一份心灵上温情的归属，广告也是如此。

创意产业是一种新的产业形态，是推崇创新、个人创造力、强调文化艺术对经济的支持与推动的新兴的理念、思潮和经济实践。我们所做的每一个广告，受众群体都是在为“人”服务，生存生长在这个时代的自然人，是我们主体服务的对象；“人性”，人所应该具备和拥有的正常的情绪情感和客观理性，构成了最基本的人性。广告中感性元素的传达之所以会被受众群体有所感应，正是因为人性的存在，而这些受众者又是现代社会中的消费者。因此，从某个层面上来说，广告艺术也是人类学的艺术，在这个绚烂多彩的世界中，人是主体，而人的情绪情感又是永恒的主题，生命的降临结束、人的快乐悲伤、感情的激情与麻木、交流与追求等等都组合成了较为广泛和常见的题材。所以，我们看到许多成功的广告，真正让人记住的广告，往往究其原因不是因为画面如何的精致华美，场面如何的宏大，而是善于将人心中最深处的那种情感挖掘出来，弥补现代人在物质条件越来越优越的情况下却渐渐缺失的某些渴望渴求与期盼，对人的理想的支持、忠贞情感的肯定，对简单平和生活的圆满憧憬，对抽象感情采用具象手法的表现都成为如今感性广告的新主题，同时也是人对自身领悟自身价值的一种手法的表现。

如今，创意产业已不再仅仅是一个理念，而是给全世界创造了巨大的经济价值。我们可以非常清晰地看到时代的变化对于现今消费者的影响，人们的生活水平日益提高的今天，消费者们已经不单单满足于产品数量和已经有较为稳妥的质量，而是将外在因素上升到内在因素的层面，从单一的对于产品本身的认可上升到对于依附商品而存在的情感价值、人文关怀、感性满足，将消费理念上升到感性高层次消费。也就是说，人们需要通过这种消费的形式来体现每个个体对于自身价值的感悟和认可，将一件商品赋予更多实用价值以外的象征意义，比如说爱心、忠诚、奉献、荣誉、正确的思想引导，等等。这就是为什么许多经营者将品牌的名字看得比生命还要重要。我们经常喝的可乐，不再是单纯的碳酸冒泡饮品，而是象征美国产品存在的一种文化现象；拥有跑车豪宅不再仅仅是富有的象征，也可以是事业成就的直观体现。同样，对于拥有优秀传统文化的中国，对于亲情友情爱情，幸福快乐祥和的家庭生活始终是永恒的主题。对于家庭给予人的温暖感受，尽管东西方文化有所差异，但是在这一点上，正在逐渐地走向一致。中国某通信公司的温情广告，男主角陪伴在女主角的身旁，温馨地说“我想看着你一辈子”；还有某 3G 视频手机的广告，是关怀聋哑人的，整个画面只有简单的手语和含泪温暖的双眼，没有添加任何华丽的场景，却让人感动异常；还有某橱柜的广告，主打也是“有家有爱”的主题。这些触动人心甚至灵魂的广告，它们都没有展现奢华或者色彩冲击力，而是单纯地挖掘我们每个人都拥有的，或者是曾经拥有后来被遗忘的，现在又被想起的默默温情为主要表达，就像瞬间的温馨温暖、美好的梦境，慰藉了人们疲惫压力下看似跳动却日益沉重的心灵，把人们重新牵引到他们熟悉的、最单纯的人性世界之中，感受那份弥漫在空气中的轻松的、零负担的、最真实的情感世界。

近年来，中国创意产业有很大发展，创意文化产业正在以前所未有的速度迅速崛起，在动漫、影视、家居和办公用具等各行各业，创意的价值都得到了体现。在现今高科技电脑网络普及到每个家庭的时代里，在这样一个中西方文化融合碰撞的世界里，为了放慢我们急匆匆的脚步，修葺一下我们疲惫不堪的心灵，逃离喧嚣的都市和污染，许多的都市人渴望找到一个时间点，全身心地投入到自然的怀抱之中，实现人们脑海中的“世外桃源逍遥梦”。健康的生活方式与绿色的生活意识逐渐成为时尚的消费方式。正因如此，它成就了现代感性广告的生存大环境。设计者创意者们针对这样的状态和需要，重现自然界的各种景致，渲染愉快浪漫的轻松氛围，使受众者潜意识的渴望与其相碰撞，感染和打动人心，达到广告的最终目的。比如韩国某化妆品的广告，帅气的男主角与柔美的女主角在青山绿水中含情脉脉地荡秋千，彼此深情微笑，然后画面中直接出现产品的全称，为产品营造出纯净自然的整体质感。整个广告清新典雅不落俗套，让人对爱情婚姻充满了最质朴无华的向往。浪漫的情怀在山水的映衬下既温情又神秘，使消费者为之动容，仿佛自己置身其中，清新自然幸福无忧。

随着信息革命和网络经济的发展，从不断壮大的创意群体，到创新性高附加值特性的创意产品为核心动力的创意经济运动，正助推着创意产业的大发展。创意产品是新思想、新技术和新内容的物化形式。面对着创意经济的到来，文化创意产业有着无限商机。创意产业及其产品不仅仅拉动着区域经济的发展，还可以辐射到生产和生活的各个领域，改变着人们的思维方式和观念。

二、创意思维的训练方法

（一）心智图法（Mind mapping）

心智图法又称为思维导图，是一项流行的全脑式学习方法，它能够将各种点子、想法以及它们之间的关联性以图像视觉的景象呈现。它能够将一些核心概念、事物与另一些概念、事物形象概念组织起来，输入我们脑内的记忆树图。它允许我们对复杂的概念、信息、数据进行组织加工，以更形象、易懂的形式展现在我们面前。结构上，具备开放性及系统性的特点，让使用者能自由地激发扩散性思维，发挥联想力，又能有层次地将各类想法组织起来，以刺激大脑做出各方面的反应，从而得以发挥全脑思考的多元化功能。

（二）三三两两讨论法

三三两两讨论法是指每两人或三人自由组成一组，在三分钟中限时内，就讨论的主题，互相交流意见及分享。三分钟后，再回到团体中作汇报。这种小组活动重点在于能让参与者就研讨的问题，进行较深入的讨论、分析及分享。

（三）六六讨论法（Phillips 66 Technique）

六六讨论法是以脑力激荡法作基础的团体式讨论法。方法是将大团体分为六人一组，只进行六分钟的小组讨论，每人一分钟。然后再回到大团体中分享及做最终的评估。

（四）脑力激荡法（Brainstorming）

脑力激荡法又称头脑风暴法，1938 年美国奥斯朋（Dr.Alex F.Osborn）所创。利用创造性想法为手段，集体思考，使大家发挥最大的想象力。根据一个灵感激发另一个灵感的方式，产生创造性思想，并从中选择最佳解决问题的途径。不可批评与会中人的创意，以免妨碍他人创造性之思想。

（五）曼陀罗法

曼陀罗法是一种有助扩散性思维的思考策略，利用一幅像九宫格图，将主题写在中央，然后把由主题所引发的各种想法或联想写在其余的八个圈内，此法也可配合“六何法”从多方面进行思考。

（六）逆向思考法

所谓的逆向思维，就是在一个事情的反面或者另一个角度来思考。很多事情用普通的逻辑思维往往想不到解决方法，可以试着换个角度来想一下就会得到很多的答案。当人们按照常规思考问题时，常常受到经验的支配，不能全面地、正确地分析事物。而倒过来想一下，采用全新的观点看事物，却往往有所发现。这种发明技术法叫做逆向思考法。

（七）分合法（Synectics）

Gordon 于 1961 年在《分合法：创造能力的发展（Synectics: the development of creativity）》一书中指出的一套团体问题解决的方法。此法主要是将原不相同亦无关联的元素加以整合，产生新的意念/面貌。分合法利用模拟与隐喻的作用，协助思考者分析问题以产生各种不同的观点。

（八）属性列举法

属性列举法，也称特性列举法，是美国尼布拉斯加大学的克劳福德（Robert Crawford）教授以 1954 所提倡的一种著名的创意思维策略。此法强调使用者在创造的过程中观察和分析事物或问题的特性或属性，然后针对每项特性提出改良或改变的构想。

属性列举法即特性列举法也称为分布改变法，特别适用于老产品的升级换代。其特点是将一种产品的特点列举出来，制成表格，然后再把改善这些特点的事项列成表。其特点在于能保证对问题的所有方面作全面的分析研究。通过将决策系统划分为若干个子系统（即把决策问题分解为局部小问题），并把它们的特性一一列举出来。将这些特性加以区分，划分为概念性约束、变化规律等，并研究这些特性是否可以改变，以及改变后对决策产生的影响，研究决策问题的解决方法。此法的优点是能保证对问题的所有方面全面的研究。

（九）目录法

强制关联法又称“目录法”“目录检查法（Catalog Technique）”，是一种查阅和问题有关的目录或索引，以提供解决问题的线索或灵感的方法。

（十）优点列举法

这是一种逐一列出事物优点的方法，进而探求解决问题和改善对策。

（十一）缺点列举法

缺点列举法是偏向改善现状型的思考，透过不断检讨事物的各种缺点及缺漏，再针对这些缺点一一提出解决问题和改善对策的方法。缺点列举法的步骤是先决定主题，然后列举主题的缺点，再根据选出的缺点来考虑改善方法。

（十二）创意解难法

美国学者 Parnes（1967）提出「创意解难」（CreativeProblemSolving）的教学模式，是发展自 Osborn 所倡导的脑力激荡法及其它思考策略，此模式重点在于解决问题的过程中，问题解决者应以有系统有步骤的方法，找出解决问题的方案。

（十三）七何检讨法（5W2H 检讨法）

是"六何检讨法"的延伸，此法之优点及提示讨论者从不同的层面去思巧和解法问题。所谓 5W，是指：为何（Why）、何事（What）、何人（Who）、何时（When）、 何地（Where）；2H 指：如何（How）、何价（How Much）。

（十四）希望点列举法

这是一种不断的提出"希望"、"怎样才能更好"等等的理想和愿望，进而探求解决问题和改善对策的技法。

（十五）检核表法（Checklist Method）

检核表法是指在考虑某一个问题时，先制成一览表对每个项目逐一进行检查，以避免遗漏要点，获得观念的方法，可用来训练学生思考周密，避免考虑问题有所遗漏。

三、创意与风格区别

风格（style）是抽象的。是指站点的整体形象给浏览者的综合感受。

这个"整体形象"包括站点的 CI（标志，色彩，字体，标语），版面布局，浏览方式，交互性，文字，语气，内容价值，存在意义，站点荣誉等诸多因素。举个例子：我们觉得网易是平易近人的，迪斯尼是生动活泼的，IBM 是专业严肃的。这些都是网站给人们留下的不同感受。

风格是独特的，是站点不同与其他网站的地方。或者色彩，或者技术，或者是交互方式，能让浏览者明确分辨出这是你的网站独有的。例如新世纪网络的黑白色，网易壁纸站的特有框架，即使你只看到其中一页，也可以分辨出是哪个网站的。

风格是有人性的。通过网站的外表，内容，文字，交流可以概括出一个站点的个性，情绪。是温文儒雅，是执著热情，是活泼易变，是放任不羁。像诗词中的"豪放派"和"婉约派"，你可以用人的性格来比喻站点。

四、包装设计的创意

随着中国物质生活日益丰富，人民购买力的不断提高，同类产品的差异性减少，品牌之间使用价值的同质性增大，因此对消费者而言，什么样的产品能吸引住他们的注意，什么样的产品能让其选择购买，这就对同类产品的包装设计提出了更高的要求，只有在包装设计的创意定位策略上下工夫，这样才能使自己的产品“白里透红，与众不同”。

创意定位策略在包装设计的整个运作过程中占有极其重要的地位，包装设计的创造性成分主要体现在设计策略性创意上。所谓创意，它最基本的含义是指创造性的主意，一个好的点子，一个别人没有过的东西。当然这个东西不是无中生有的，而是在已有的经验材料的基础上加以重新组合。定位策略是一种具有战略眼光的设计策略，他具有前瞻性、目的性、针对性、功利性的特点，当然它也有局限性。创意定位策略成功包装设计的最核心、最本质的因素。以下几种包装创意定位策略在包装设计中起着举足轻重的地位。

（一）产品销售的差异化策略

产品销售的差异化策略主要是指找寻产品在销售对象、销售目标、销售方式等方面的差异性。产品主要是针对哪些层次的消费群体，也就是社会阶层定位，消费对象是男人还是女人，是青年、儿童还是老人，以及不同的文化，不同的社会地位，不同的生活习惯，不同的心理需求，产品的销售区域、销售范围、销售方式等都影响和制约着包装设计的方方面面。

儿童用品主要的消费群体是儿童,但购买对象除了目标消费群体的儿童以外，最主要的购买群体是他们的父母和长辈，因此在包装设计的时候除了在图形、色彩、文字、编排上考虑儿童的喜好外，还要考虑其父母和长辈望子成龙的心理。因此有些商品在包装上一些富有知识或有情趣的小故事，虽然这些内容和产品并不是很相干，但确切满足了父母们关注孩子智力发展的心理。

（二）品牌形象策略

品牌形象战略是指企业以品牌为核心，从企业整体形象、全方位运作而显现品牌形象、提高企业知名度的一种战略。为实现企业品牌战略总体目标，对企业品牌形象进行的战略规划。它是企业品牌总体战略的重要组成部分。

品牌形象的文化内涵代表了一种企业文化，正成为一个行业的标准；不分国界，不分种族，突破时间和空间的制约，就算品牌的载体消失了，还是悄悄的以一种文化，一种精神在人群中传播。可以说品牌文化是品牌价值不竭的源泉。品牌文化经过精神境界的塑造，带给消费者高层次的情感体验、精神慰藉，触动消费者的内心，激发他们对品牌文化的认同。品牌文化的价值在于，它把产品从冰冷的物质世界，带到了一个丰富多彩的精神世界，放飞心灵的梦想，寻找精神的归宿，体现生活的品位。未来企业的竞争是品牌的竞争，更是品牌文化的竞争，培育具有品牌个性和内涵的品牌文化是保持品牌经久不衰的“秘笈”。品牌核心价值是品牌文化的灵魂，广告、新闻、公关活动等手段又成为品牌文化传播的途径。创建品牌的过程其实就是一个将品牌文化充分的展示过程，持续不懈的演绎，与时俱进的传播，使品牌文化植入人心。优秀的品牌文化体现人类美好的价值观念，诠释着人类永恒的情感主题，引领着时尚的潮流，改变着人们的生活方式。

（三）产品外型差异化策略

产品外型差异化策略就是寻找产品在包装外观造型，包装结构设计等方面的差异性，从而突出自身产品的特色。例如纸盒的包装结构设计多至上百种，如何选用何种结构来突出产品的特色以及强烈的视觉冲击力，是选用三角形为基本平面，还是选用四角形或五角型，或者梯形、圆柱性、弧型或异性等到为基本平面。在选择产品外观造型时，一是要考虑产品的保护功能，二是要考虑其便利功能，当然也包括了外观造型的美化功能。喜之郎果冻之水晶之恋心型系列外包装，虽然其电视广告宣传有点东施效颦，像是电影《泰坦尼克号》的情节，但是其商品的包装却是一件成功之作。水晶之恋系列包装它不仅唤起了显在的消费群体的注意，而且还唤起了潜在消费群体的注意，产品的目标对象也从儿童扩大到一切相恋的群体。这一切都归功于水晶之恋的心型包装设计定位以及品牌定位。

（四）产品的差异化策略

产品性能上的差异化策略，也就是找出同类产品所不具有的独特性作为创意设计重点。对产品功能即性能的研究是品牌走向市场，走向消费者的第一前提。产品差异化带来较高的收益，可以用来对付供方压力，同时可以缓解买方压力。当客户缺乏选择余地时其价格敏感性也就不高。最后，采取差异化战略而赢得顾客忠诚的公司，在面对替代品威胁时，其所处地位比其他竞争对手也更为有利。

实现产品差异化有时会与争取占领更大的市场份额相矛盾。它往往要求公司对于这一战略的排他性有思想准备，即这一战略与提高市场份额两者不可兼顾。较为普遍的情况是，如果建立差异化的活动总是成本高昂。如：广泛的研究、产品设计、高质量的材料或周密的顾客服务等。那么实现产品差异化将意味着以成本地位为代价。然而，即便全产业范围内的顾客都了解公司的独特优点，也并不是所有顾客都愿意或有能力支付公司所要求的较高价格（当然在诸如挖土机械设备行业中，这种愿出高价的客户占了多数，因而 Caterpillar 的产品尽管标价很高，仍有着占统治地位的市场份额）。在其他产业中，差异化战略与相对较低的成本和与其他竞争对手相当的价格之间可以不发生矛盾。

如果差异化战略成功地实施了，它就成为在一个产业中赢得高水平收益的积极战略，因为它建立起防御阵地对付五种竞争力量，虽然其防御的形式与成本领先有所不同。波特认为，推行差异化战略有时会与争取占有更大的市场份额的活动相矛盾。推行差异化战略往往要求公司对于这一战略的排他性有思想准备。这一战略与提高市场份额两者不可兼顾。在建立公司的差异化战略的活动中总是伴随着很高的成本代价，有时即便全产业范围的顾客都了解公司的独特优点，也并不是所有顾客都将愿意或有能力支付公司要求的高价格。

（五）价格差异化策略

价格是商品买卖双方关注的焦点，也是影响产品销售的一个重要因素。日本学者仁科贞文认为："一般人难以正确评价商品的质量时，常常把价格商低当作评价质量优劣的尺度。在这种情况下确定价格会决定品牌的档次，也影响到对其他特性的评价。"假如我们把产品的价格归纳为一个三角形，那和在这个三角形，也不是最低的，而是中间的梯形，这一切都取决于产品的功效、特性以及目标消费群体、相关同类产品的市场定位。价格定位的目的是为了促销、增加利润，因为不同的阶层有不同的消费水平，任何一个价位都拥有相关的消费群体。例如"金利来，男人的世界"，从他的价格定位来看是男装的中高档产品，该公司认为产品的价格虽然高一点，但这是展示一个人身份的标志，价格高一点也有相应的消费群。在产品的外包装设计上为了突出其品牌定位。消费者看到的不仅是产品所拥有的品牌的自然价值，而且还看到了其拥有的精神价值。

五、标志创意设计

（一）标志创意设计概念及原则

标志专业又称 LOGO，其设计原则不仅是实用物的设计，也是一种图形艺术设计。它与其他图形艺术表现手段既有相同之处，又有自己的艺术规律。它必须体现本身特点，才能更好地发挥其功能。

由于对其简练、概括、完美的要求十分苛刻，需要成功到几乎找不到更好的替代方案的程度，其难度比其他任何图形艺术设计都要大得多。

1. LOGO 设计应在详尽明了设计对象的使用目的、适用范畴及有关法规等有关情况和深刻领会其功能性要求的前提下进行。

2. LOGO 设计须充分考虑其实现的可行性，针对其应用型式、材料和制作条件采取相应的设计手段。同时还要顾及应用于其他视觉传播方式（如印刷、广告、映像等）或放大、缩小时的视觉效果。

3. LOGO 设计要符合作用对象的直观接受能力、审美意识、社会心理、禁忌和使用。

4. 构思须慎重考虑，力求深刻、巧妙、新颖、独特，表意准确，能经受住时间的考验。

5. 构图要凝练、美观、适形（适应其应用物的形态）。

6. 图形、符号既要简练、概括，又要讲究艺术性。

7. 色彩要单纯、强烈、醒目。

8. 遵循标志艺术规律，创造性的探求恰切的艺术表现形式和手法，锤炼出精当的艺术语言使设计的标志具有高度整体美感、获得最佳视觉效果，是标志设计艺术追求的准则。

（二）广告词创意设计

创意广告词，又称创意广告语。创意广告词指通过各种传播媒体和招贴形式向公众介绍商品、文化、娱乐等服务内容的一种宣传用语。

广告是艺术和科学的融合体，而广告词又往往在广告中起到画龙点睛的作用。创意表现类型列举如下：

1. 综合型：所谓综合型就是“同一化”，概括地将企业加以表现。如：××服务公司以“您的需求就是我们的追求”为广告词。

2. 暗示型：即不直接坦述，用间接语暗示。例如吉列刀片：“赠给你爽快的早晨”。

3. 双关型：一语双关，既道出产品，又别有深意。如一家钟表店以“一表人才，一见钟情”为广告词，深得情侣喜爱。

4. 警告型：以“横断性”词语警告消费者，使其产生意想不到的惊讶。有一则护肤霜的广告词就是：“20 岁以后一定需要”。

5. 比喻型：以某种情趣为比喻产生亲切感。如牙膏广告词：“每天两次，外加约会前一次”。

6. 反语型：利用反语，巧妙地道出产品特色，往往给人印象更加深刻。如：牙刷广告词：“一毛不拔”；打字广告：“不打不相识”。

7. 经济型：强调在时间或金钱方面经济。“飞机的速度，卡车的价格”。如果你要乘飞机，当然会选择这家航空公司。“一倍的效果，一半的价格”，这样的清洁剂当然也会大受欢迎。

8. 感情型：以缠绵轻松的词语，向消费者内心倾诉。有一家咖啡厅以“有空来坐坐”为广告词，虽然只是淡淡的一句，却打动了许多人的心。

9. 韵律型：如诗歌一般的韵律，易读好记。如古井贡酒的广告词：“高朋满座喜相逢，酒逢知己古井贡”。

10. 幽默型：用诙谐、幽默的句子做广告，使人们开心地接受产品。例如杀虫剂广告：“真正的谋杀者”；脚气药水广告：“使双脚不再生‘气’”；电风扇广告：“我的名声是吹出来的”。

六、创意设计是制造业的灵魂

当制造业发展到一定阶段的时候，就应该避免单纯依靠价格优势来进行竞争。目前，对创意是中国制造向中国创造的关键突破点，还没能为大多数企业家所认识；创意与技术创新是“中国创造”战车的两只轮子，还没能引起大众的重视，制造业的核心是设计，而设计的灵感来源于创意。凡是制造业在国民经济中起着举足轻重作用的国家，都有着发达的创意产业。

在当前的形势下，我们重点要提的是制造业的创意，创意要能够创造财富。

创新是一项系统工程，企业不仅需要科技创新作支撑，也需要观念创新等作保障。而创意正是为创新提供这种新观念、新理念、新思维、新方法的要素之一。

在经济转型期，创意让企业制造更加关注“战略”“设计”“品牌”的价值，并引领中国制造走向“中国创造”的大路。

在企业经营中，“创意设计”带给企业的成本和收益：

工业设计创造了产品品牌。对于企业来讲，创意设计是一个风险相对较高、操作相对比较复杂、资金投入相对比较大的工程；但一旦成功，则会带来巨大的经济效益和品牌效益。当前部分企业准备以“冬眠睡大觉”的方式过冬，人们更愿意理解为是一种无奈之举。在当前经济转型的过程中，这些企业家觉得老的产业做不下去，又不知道新方向在哪里。所以对这部分企业家，更多的是需要帮助支持，尤其是理念的转变，需要具备制造向创造转型的知识。要知道，等待是不会有奇迹的，未来还是要靠自己创造。

如果一个制造业企业从“创意”入手，寻找企业生存和发展的突破口的话，具体应该如何操作？是否有一种可供参考的路径？先应该了解创意设计的整个流程，然后看能否对整个企业进行战略设计，找到适合自己企业发展的设计战略。然后就可以进行产品创新。很多时候，新产品的研发会遇到资金的困难，这时企业要懂得如何融资，怎样引进风投。

企业家要进行创意创新，需要有开放、包容的心态。创意本身就是文化思维碰撞的产物，没有开放包容的心态就做不好创意。另外，作为一个企业家，不可能参与到创意设计的具体过程，但需要了解创意设计的定位和全局，然后决定自己企业的创新策略。需要的配套或支持一个是政府的引导，另外一个是科研机构的支持，要有充分的智力资源。

第六节 创新思维的障碍

一、创新思维的含义

有这样一句话几乎人人耳熟能详：“天才是1%的灵感加上99%的汗水。”这句爱迪生的名言，让我们懂得勤劳和汗水可以造就出天才和成功。其实不然。因为在这句话的原文后面，还有这样一句关键的话：“但那1%的灵感是最重要的，甚至比那99%的汗水都要重要。”

创新思维是指发明或发现一种新方式用以解决某种事件的思维过程，是一种高度复杂的智能活动，是相对于常规的思维而言的一种思维方式，具有一定范围内的首创性、开拓性。创新思维贵在创新，或者在思路的选择上、或者在思考的技巧上、或者在思维的结论上，有着前无古人的独到之处，在前人、常人的基础上有新的见解、新的发现、新的突破。

创造性思维有着十分重要的作用和意义。第一，创造性思维可以不断增加人类知识的总量；第二，创造性思维可以不断提高人类的认识能力；第三，创造性思维可以为实践活动开辟新的局面。要勇于冲破传统观念的束缚，敢于大胆去设想和想象，敢于对同一事物产生质疑，敢于对同一问题提出新的见解，并努力去思索，去寻找新的答案。创新思维作为一种特殊的思维活动，除了具有一般思维的特点外，还具有自己的特点，主要体现在三个方面：

1. 新颖性：新颖是创新的必备要素。但是，新颖并不意味着，每一次创新都是一种开天辟地式的革命，或者是对已有知识领域的全面颠覆。像相对论那样的具有革命意义的理论成果，诚然是创新的一种，但实际上大部分的创新，是在某个较小的范围里，用新颖的思考方式，通过前人未经留意的视角来观察和解决问题。这种新颖的思考方式也不见得是前所未有的，而很可能是从别的领域借用的。这样的创新离我们的生活更近，其价值同样不可低估。

2. 独特性：思维独特性是指，思维展开的思路不同寻常，思维获得的结果标新立异，有独到之处，有新颖性的结果。我们要鼓励学生敢于标新立异，善于别出心裁。创新思维的独特性在于它能独具卓识，敢于标新立异，敢于大胆求新，具有一定范围内的首创性和开拓性。

3. 多向性：创造性思维的一个重要障碍就是习惯从固定的角度去看待事物，无意从不同角度去分析问题，思考常常受习惯性思维的束缚。因此，我们要努力克服思维定势的消极作用，帮助学生冲破狭隘的老框框，开拓视野，在形成求异思维过程中学习知识，在学习新知识的过程中培养思维的多向性。使思维在一个地方受到阻碍时，能马上转到另一个方向。经典案例有“把梳子卖给和尚”“把冰箱卖到北极地区”。如果不转变观念，没有创新的思维，要把梳子卖给和尚、把冰箱卖到北极地区，简直是天方夜谭。

创造性思维，是一种具有开创意义的思维活动，即开拓人类认识新领域、开创人类认识新成果的思维活动。创造性思维是以感知、记忆、思考、联想、理解等能力为基础，以综合性、探索性和求新性特征的高级心理活动，需要人们付出艰苦的脑力劳动。一项创造性思维成果往往要经过长期的探索、刻苦的钻研、甚至多次的挫折方能取得，而创造性思维能力也要经过长期的知识积累、素质磨砺才能具备，至于创造性思维的过程，则离不开繁多的推理、想象、联想、直觉等思维活动。

创造性思维是创造成果产生的必要前提和条件，而创造则是历史进步的动力，创造性思维能力是个人推动社会前进的必要手段，特别是在知识经济时代，创造性思维的培养训练更显得重要。其途径在于丰富的知识结构、培养联想思维的能力、克服习惯思维对新构思的抗拒性，培养思维的变通性，加强讨论，经常进行思想碰撞。

二、创新思维的障碍——案例

创新思维主要有两大障碍：偏见思维、定势思维。

究其产生根源，主要一个是权威，一个是从众。由于它具有社会性、阶段性以及知识经验的局限性，在一定的历史时期成为指导人们个人行为方式的固有模式，然而，当时代需要变更创新、新旧交替时又成为其发展的主要障碍。强大的惯性或顽固性，不仅逐渐成为思维习惯，甚至深入到潜意识，成为不自觉的、类似于本能的反应。

创新思维是人类思维活动中最积极、最活跃和最富有成果的一种思维形式。迈入新世纪，知识经济呼唤着人们的创新能力。为了使中华民族在新世纪里能够屹立于世界先进民族之列，在培养创新人才方面肩负着特殊使命，应该奋发有为，做出自己应有的贡献。

（一）偏见思维

1. 以偏概全——点状思维

在白纸上画一个黑点，然后问：你看到了什么？

答案至少有一百种：芝麻、苍蝇、图钉、太阳的黑子、污迹……这些都是常规的联想，有的人的思维就更活跃一些，他可能会回答说：我看到了缺点……我看到了遗憾……我看到了损失……

但是，为什么就没有想到其他的？

为什么你的眼睛仅仅盯住那个黑点？而没有看到黑点旁边的那一大片的白纸？而正是这个黑点束缚和禁锢了我们的思维，使我们看不到其余更多的更好的更丰富的东西。某些人一件事情没有办好，就垂头丧气——“我真没用，我真窝囊，我是天底下最愚蠢的人。”透过别人不经意的一句话或一件事就给这个人下定义—— “他品质有问题。”其实，更重要的是我们要关注广阔的存在，而不是那个黑点。

2. 固执己见——刻板印象

曾经在某一网站看到这样一个笑话：如果你的前面是一位发怒的重庆女孩，后面是万丈深渊，那么，奉劝你还是往后跳吧!这个笑话不能说没有一点道理，重庆女孩的泼辣，可以说是“盛名远播”，因此，一提到重庆女孩，首先浮上脑海的就是“泼辣”二字，丝毫不顾其中是否有被冤枉的“例外”，这就是所谓“刻板印象”。

刻板印象指的是人们对某一类人或事物产生的比较固定、概括而笼统的看法，是我们在认识他人时经常出现的一种相当普遍的现象。我们经常听人说的“长沙妹子不可交，面如桃花心似刀”，东北姑娘“宁可饿着，也要靓着”，实际上都是“刻板印象”。

刻板印象的形成，主要是由于我们在人际交往过程中，没有时间和精力去和某个群体中的每一成员都进行深入的交往，而只能与其中的一部分成员交往，因此，我们只能“由部分推知全部”，由我们所接触到的部分，去推知这个群体的“全体”。刻板印象固然有省事省力的好处，但不少情况下却会出现耽误大事的判断错误。

3. 鸡眼思维——利益偏见

所谓利益偏见不是指由于你的利益关系会导致你立论的有意识的明显偏颇，而是指一种无意识的偏斜——对公正的微妙偏离。

利益偏见更普遍的情况则是所谓的“鸡眼思维”，也就是马克思所说的：“愚蠢庸俗、斤斤计较、贪图私利的人总是看到自以为吃亏的事情；譬如，一个毫无修养的粗人常常只是因为一个过路人踩了他的鸡眼，就把这个人看作世界上最可恶和最卑鄙的坏蛋。他把自己的鸡眼当作评价人们行为的标准”。

然而推而广之，普通人难道没有偏见吗？一些普通人的话语表述背后难道就没有值得思考的地方吗？事实上，大多数的恋人都认为自己找到了世上最好的人，大多数孩子也都会得出结论说自己的父母是世界上最好的父母。所谓“王婆卖瓜自卖自夸”其实就是一种典型利益偏见思维模式。

4. 被经验淹死的驴子——经验偏见

曾经读到过这样一则故事：一只驴子背盐渡河，在河边滑了一跤，跌在水里，那盐溶化了。驴子站起来时，感到身体轻松了许多。驴子非常高兴，获得了经验。后来有一回，它背了棉花，以为再跌倒，可以同上次一样，于是走到河边的时候，便故意跌倒在水中。可是棉花吸收了水，驴子非但不能再站起来，而且一直向下沉，直到淹死。

无独有偶，新近又读到了这样一则古老的寓言：从前，有个卖草帽的人，每天，他都很努力地卖着帽子。

有一天，他叫卖得十分疲累，刚好路边有一颗大树，他就把帽子放着，坐在树下打起盹来，等他醒来时，发现身旁的帽子都不见了，抬头一看，树上有很多猴子，而每只猴子的头上都有一项草帽。他十分惊慌，因为，如果帽子不见了，他将无法养家活口。突然，他想到猴子喜欢模仿人的动作，他就试着举起左手，果然猴子也跟着他举左手；他拍拍手，猴子也跟着拍拍手。

他想机会来了，于是他赶紧把头上的帽子拿下来，丢在地上。猴子也学着他，将帽子纷纷扔在地上。

卖帽子的高高兴兴地捡起帽子，回家去了。回家之后，他将这件奇特的事，告诉他的儿子和孙子。

很多很多年后，他的孙子继承了家业。有一天，在他卖草帽的途中，也跟爷爷一样，在大树下睡着了，而帽子也同样地被猴子拿走了。

孙子想到爷爷曾经告诉他的方法。于是，他举起左手，猴子也跟着举起左手；他拍拍手，猴子也跟着拍拍手，果然，爷爷说的话真管用。

最后，他摘下帽子丢在地上；可是，奇怪了，猴子竟然没有跟着他做，还是直瞪着眼看他，看个不停。

不久之后，猴王出现了，把孙子丢在地上的帽子捡起来；还很用力地对着孙子的后脑勺打了一巴掌，说："开什么玩笑!你以为只有你有爷爷吗？"

驴子为何死于非命？孙子为何不能像爷爷当年那样拿回被猴子拿走的帽子？每一个人都能够看得出：很重要的一个原因是他们都机械地套用了经验，受了经验偏见思维的影响，他们未能对经验进行改造和创新。

正是经验使我们昂首否定，还是经验又让我们低头认错，人们总是跳不出经验，它甚至让一切最大胆的幻想都打上了个人经验的偏见，就像作家贾平凹所津津乐道的某一个农民的最高理想："我当了国王，全村的粪一个不给拾，全是我的。"这似乎就是人们说的"乡村维纳斯效应"。

德波诺在《实用思维》一书中饶有兴味地描述了一种常见的社会现象："在偏静的乡村，村里最漂亮的姑娘会被村民当作世界上最美的人（维纳斯），在看到更漂亮的姑娘之前，村里的人难以想象出还有比她更美的人。"在村里，它是真理，在全世界，它就是偏见。

5."情人眼里出西施"——文化偏见

著名华裔人类学家许烺光（曾任美国人类协会主席）在《美国人与中国人》一书中十分严肃地举了一个例子："在一部中国电影中，一对青年夫妇发生了争吵，妻子提着衣箱怒冲冲地跑出公寓。这时，镜头中出现了住在楼下的婆婆，她出来安慰儿子：'你不会孤独的，孩子，有我在这儿呢。'看到这儿，美国观众爆发出一阵哄笑，中国观众却很少会因此发笑。"

这两种截然不同的反应所透出的文化差异是明显的，在美国人的观念中，婚姻是两个人的私事，其间的性关系是任何别的感情无法替代的。而中国观众却能恰当地理解母亲所说的含义。这正如一些美国留学生在读了《红楼梦》后，总是不解地问中国教授："为什么宝玉和黛玉不偷些金银财宝然后私奔呢？"中国教师知道这不是一个工具性问题，很难用一两话解释得清。

我们所有的人都受到自己所在地域、国家、民族长期积淀的文化的影响，看待问题的角度不可避免地打上文化、宗教、习俗的烙印。这就是为什么一些美国人对中国对台湾坚定的态度不可理解，同样，一些中国人对美国为什么老是抓住人权不放也感到不可思议的原因。

6. 霍布森选择——封闭思维

300 多年前英国伦敦的郊区，有一个人叫霍布森。他养了很多马，高马、矮马、花马、肥马、瘦马都有。他就对来的人说，你们挑我的马吧，可以选大的、小的、肥的，可以租马、可以买马。你们都可以选呢，人家非常高兴去选东西了，但是整个马圈旁边只有一个很小的洞，很小的门，你选大的马出不来的，它的门很小。

后来获得诺贝尔奖的一个人叫西蒙，就把这种现象叫做霍布森选择。就是说，你的思维你的境界只有这么大，没有打开，没有上层次，思维封闭，结果就是你别无选择。

7. 不识庐山真面目——位置偏见

有一则禅的故事说的是小海浪与大海浪的对话：

小海浪：我常听人说起海，可是海是什么？它在哪里？

大海浪：你周围就是海啊!

小海浪：可是我看不到？

大海浪：海在你里面，也在你外面，你生于海，终归于海，海包围着你，就像你自己的身体。

尼克松总统水门事件被黜后，跌至人生谷底，这时他才得以悟出："最美的风景不是登上峰顶所看到的，而是下到谷底抬头所体会到的"这句话。这与哈维尔在历经磨难后所得出的结论是一样的："为了在白天观察星辰，我们必须下到井底，为了了解真理，我们必须沉降到痛苦的底层"。这就叫"思不出其位"。

每个人都生活在一定的社会坐标体系中，各种思想无不打上其鲜明的烙印，连黑格尔也不忘说："同一句格言，出自青年人之口与出自老年人是不同的，对一个老年人来说，也许是他一辈子辛酸经验的总结。"这正是："少年听雨歌楼上，红烛昏罗帐。壮年听雨客舟中，江阔云低断雁叫西风。而今听雨僧庐下，鬓已星星也。悲欢离合总无情，一任阶前点滴到天明。"站在什么样的年龄位置就会有什么样的感情。这与站在什么样的物理位置，就会得出什么样的认知是一样的。

在一些企业里，老板总抱怨员工出工不出力、磨洋工，员工总抱怨老板发的钱太少、心太黑。这其实就是各自所处的位置不同，才导致双方似乎无法弥合思维差距。

（二）定势思维

1. 保守的力量——惰性思维

惰性思维是指人类思维深处存在的一种保守的力量，人们总是习惯用老眼光来看新问题，用曾经被反复证明有效的旧概念去解释变化世界的新现象。不去尝试，不敢冒险，因循守旧，大好的时机和自身无限的潜能被白白地葬送，挫折和失败的悲剧肯定不可避免。

比如说看魔术表演，不是魔术师有什么特别高明之处，而是我们大伙儿思维过于因袭习惯之势，想不开，想不通，所以上当了。比如人从扎紧的袋里奇迹般地出来了，我们总习惯于想他怎么能从布袋扎紧的上端出来，而不会去想想布袋下面可以做文章，下面可以装拉链。

在生活的旅途中，我们总是经年累月地按照一种既定的模式运行，从未尝试走别的路，这就容易衍生出消极厌世、疲沓乏味之感。所以，不换思路，生活也就乏味。很多人走不出思维定势，所以他们走不出宿命般的可悲结局；而一旦走出了思维定势，也许可以看到许多别样的人生风景，甚至可以创造新的奇迹。

因此，从舞剑可以悟到书法之道，从飞鸟可以造出飞机，从蝙蝠可以联想到电波，从苹果落地可悟出万有引力……常爬山的应该去涉涉水，常跳高的应该去打打球，常划船的应该去驾驾车，常当官的应该去为民。换个位置，换个角度，换个思路，也许我们面前是一番新的天地。

2. 狗鱼思维——拒绝变化

有一种鱼叫做狗鱼。狗鱼很富有攻击性，喜欢攻击一些小鱼。科学家们做了这样一个实验：把狗鱼和小鱼放在同一个玻璃缸里，在两者中间隔上一层透明玻璃。狗鱼一开始就试图攻击小鱼，但是每次都撞在玻璃上。慢慢地，它放弃了攻击。

后来，实验人员拿走了中间的玻璃，这时狗鱼仍没有攻击小鱼的行为，这个现象被叫作狗鱼综合症。狗鱼综合症状的特点是：对差别视而不见；自以为无所不知；滥用经验；墨守成规；拒绝考虑其他的可能性；缺乏在压力下采取行动的能力。

思维定势一旦形成，有时是很悲哀的。这也是我们要不断学习新知识、新观念的原因之一：形势在不断变化，必须关注这些变化并调整行为。一成不变的观念将带来毫无生机的局面。

3. 失去的金子——习惯思维

一个穷人在一本书里发现了寻找“点金石”的秘密，点金石是一块小小的石子，它能将任何一种普通的金属点化成纯金。点金石就在黑海的海滩上，和成千上万的与它看起来一模一样的小石混在一起，但秘密就在这儿。真正的点金石摸上去很温暖，而普通的石子摸上去是冰凉的。

所以，当它摸着石子是冰凉的时候，他就将它们扔到大海里。他这样干了一整天，却没有捡到一块是点金石的石子，然后他又这样干了一星期，一个月，一年，三年，可他还是没有找到点金石。然而他继续这样干下去，捡到一块石子，是凉的，将它扔到海里，又去捡起一颗，还是凉的，再把它扔到海里，又一颗……

但是有一天上午他捡起了一块石子，而且这块石子是温暖的——他把它随手就扔进了海里。他已经形成了一种习惯，把他捡到的所有的石子都扔进海里。他已经习惯于做扔石子的动作，以至于当他真正想要的那一个到来时，他也还是将其扔进了海里……

贝弗里奇在其《科学研究的艺术》一书中解释了惯性思维："我们的思想多次采取特定的一种路，下一次采取同样的思路的可能性就越大。在一连串的思想中，一个个观念之间形成了联系，这种联系每利用一次，就变得越加牢固，直到最后，这种联系紧紧地建立起来，以致它们的连接很难破坏。这样，正像形成条件反射一样，思考受到了条件的限制。我们很可能具备足够的资料来解决问题，然而，一旦采用了一种不利的思路，问题考虑得越多，采取有利思路的可能性就越小。"

4. 猴子实验——群体惯性

有科学家曾做过一个实验：将 4 只猴子关在一个密闭的房间里，每天喂很少食物，让猴子饿得吱吱叫。数天后，实验者在房间上面的小洞放下一串香蕉时，一只饿得头昏眼花的大猴子一个箭步冲向前，可是当它还没拿到香蕉时，就被预设机关所泼出的热水烫得全身是伤，当后面三只猴子依次爬上去拿香蕉时，一样被热水烫伤。于是猴子们只好望"蕉"兴叹。

又过了几天，实验者换进一只新猴子进入房内，当新猴子肚子饿得也想尝试爬上去吃香蕉时，立刻被其他 3 只猴子制止，并告知有危险，千万不可尝试。实验者再换一只猴子进入，当这只猴子想吃香蕉时，有趣的事情发生了，这次不但剩下的两只老猴制止它，连没被烫过的半新猴子也极力阻止它。

实验继续，当所有的猴子都已换过之后，仍没有一只猴子敢去碰香蕉。上头的热水机关虽然取消了，而热水浇注的"组织惯性"束缚着进入笼子的每一只猴子，使它们对唾手可得的盘中美餐——香蕉，奉若神明，谁也不敢前去享用。

这就是群体惯性形成的过程。在变化莫测的市场环境中，企业要想赢得竞争优势，就必须学会随着时代的发展变化而迅速调整，否则只能像故事中的猴子那样，在昨天的教训上平白失掉明天的机会。

然而，一些把成功归因于富有竞争力的经营管理模式的企业，面对一切以变化为主题的现实，仍高高在上，丝毫不怀疑让自己成功的经营管理模式的价值和适用性，不思更新，固执地运行在"成功经验"的轨道上。结果，由于一成不变，企业昔日的辉煌渐渐蜕变为组织惯性，成为企业生存道路上的羁绊。

5. 引火烧身——线性思维

一个漆黑的夜晚，司机老王开着一辆"除了喇叭不响什么都响的"北京吉普外出，车行半路抛了锚，他初步判断是油耗尽了，便下车检查油箱。没带手电筒就顺手掏出打火机照明，随着“轰”的一声巨响，他就什么也不知道了……等他醒来时正躺在医院的病床上，是一位路过的好心司机把他救了，车报废了，脸毁了容，万幸的是命总算捡了回来。老王说：“当时只是想借打火机的光，看清油箱里究竟还剩多少油；根本不成想打火机的火，会引爆油箱并引火烧身。”这是典型的由“线性思维”惹的祸。

线性思维模式有两个基本特点：

（1）把多元问题变为一元问题。客观对象所包含的问题往往是多元的，线性思维模式要求把其中一个问题突出，把其余问题撇开，或者把复杂问题归结为一个简单问题，然后予以处理。

（2）用一维直线思维来处理一元问题，使之成为具有非此即彼答案的问题，并排除两个可能答案中的一个。

6. 有笼必有鸟——心理图式

一位心理学家曾和乔打赌说："如果给你一个鸟笼，并挂在你房中，那么你就一定会买一只鸟。"

乔同意打赌。因此心理学家就买了一只非常漂亮的瑞士鸟笼给他，乔把鸟笼挂在起居室桌子边。结果大家可想而知，当人们走进来时就问：“乔，你的鸟什么时候死了？”

乔立刻回答：“我从未养过一只鸟。”

“那么，你要一只鸟笼干嘛？”

乔无法解释。

后来，只要有人来乔的房子，就会问同样的问题。乔的心情因此很烦躁，为了不再让人询问，乔干脆买了一只鸟装进了空鸟笼里。

心理学家后来说，去买一只鸟比解释为什么他有一只鸟笼要简便得多。人们经常是首先在自己头脑中挂上鸟笼，最后就不得不在鸟笼中装上些什么东西。

7. 阿西莫夫的智商——惯性思维

所谓惯性思维就是思维沿前一思考路径以线性方式继续延伸，并暂时地封闭了其他的思考方向。

阿西莫夫是美籍俄国人，世界著名的科普作家。他曾经讲过这样一个关于自己的故事：

阿西莫夫从小就很聪明，年轻时多次参加“智商测试”，得分总在 160 左右，属于“天赋极高”之人。有一次，他遇到了一位汽车修理工，是他的老熟人。

修理工对阿西莫夫说：“嗨，博士，我来考考你的智力，出一道思考题，看你能不能正确回答。”阿西莫夫点头同意。修理工便开始出题：“有一位聋哑人，想买几枚钉子，就来到五金商店，对售货员做了这样一个手势：左手食指立在柜台上，右手握拳作出敲击的样子。售货员见状，先给他拿来一把锤子，聋哑人摇摇头。于是售货员明白了，他想买的是钉子。”

“聋哑人买好了钉子，刚走出商店，接着进来一位盲人。这位盲人想要一把剪刀，请问，盲人将会怎么做？”

阿西莫夫顺口答道：“盲人肯定会这样——”他伸出食指和中指，作出剪刀的形状。

听了阿西莫夫的回答，汽车修理工开心地笑起来：“哈哈，答错了吧!盲人想买剪刀，只需要开口说‘我买剪刀’就行了，他干吗要做手势啊？”

阿西莫夫只得承认自己的回答很愚蠢。而那位汽车修理工在考问前就认定他肯定答错，因为阿西莫夫“所受的教育太多了，不可能很聪明!”

创造力的障碍可以用一个例子来比喻：一条路，通往创造力答案的路艰难并且布满绊脚石。这些绊脚石就是你要达到目标需要躲开的创造力的障碍。你熟悉这些绊脚石并且可以很容易的识别它们，这是跨越它们的关键。

很多高手都经历过创造力的障碍，我们的工作卡壳了，我们撞墙上了。没什么，因为我们在一个错误的时间尝试。——Lukas Foss

开始，这听起来有点勉强。你需要有意识地学习去理解这些理论并且应用我们讨论的知识。无论如何，经过练习你会无意识地应用我们讨论的知识，从而你的大脑会很自然地预见到创造力的障碍。

第七节 思维导图在产品设计创新中的作用

一、思维导图

思维导图，又称脑图、心智地图、脑力激荡图、思维导图、灵感触发图、概念地图、树状图、树枝图或思维地图，是一种图像式思维的工具以及一种利用图像式思考辅助工具来表达思维的工具。思维导图是使用一个中央关键词或想法引起形象化的构造和分类的想法；它用一个中央关键词或想法以辐射线形连接所有的代表字词、想法、任务或其他关联项目的图解方式。

思维导图，又叫心智图，是表达发射性思维的有效的图形思维工具。是一种革命性的思维工具。简单却又极其有效！思维导图运用图文并重的技巧，把各级主题的关系用相互隶属与相关的层级图表现出来，把主题关键词与图像、颜色等建立记忆链接，思维导图充分运用左右脑的机能，利用记忆、阅读、思维的规律，协助人们在科学与艺术、逻辑与想象之间平衡发展，从而开启人类大脑的无限潜能。思维导图因此具有人类思维的强大功能。

思维导图是一种将放射性思考具体化的方法。我们知道放射性思考是人类大脑的自然思考方式，每一种进入大脑的资料，不论是感觉、记忆或是想法——包括文字、数字、符码、食物、香气、线条、颜色、意象、节奏、音符等，都可以成为一个思考中心，并由此中心向外发散出成千上万的关节点，每一个关节点代表与中心主题的一个连结，而每一个连结又可以成为另一个中心主题，再向外发散出成千上万的关节点，而这些关节的连结可以视为您的记忆，也就是您的个人数据库。

人类从一出生即开始累积这些庞大且复杂的数据库，大脑惊人的储存能力使我们累积了大量的资料，经由思维导图的放射性思考方法，除了加速资料的累积量外，更多的是将数据依据彼此间的关联性分层分类管理，使资料的储存、管理及应用因更有系统化而增加大脑运作的效率。同时，思维导图是最能善用左右脑的功能，借由颜色、图像、符码的使用，不但可以协助我们记忆、增进我们的创造力，也让思维导图更轻松有趣，且具有个人特色及多面性。

思维导图以放射性思考模式为基础的收放自如方式，除了提供一个正确而快速的学习方法与工具外，运用在创意的联想与收敛、项目企划、问题解决与分析、会议管理等方面，往往产生令人惊喜的效果。它是一种展现个人智力潜能极致的方法，将可提升思考技巧，大幅增进记忆力、组织力与创造力。它与传统笔记法和学习法有量子跳跃式的差异，主要是因为它源自脑神经生理的学习互动模式，并且开展人人生而具有的放射性思考能力和多感官学习特性。

思维导图为人类提供一个有效思维图形工具，运用图文并重的技巧，开启人类大脑的无限潜能。心智图充分运用左右脑的机能，协助人们在科学与艺术、逻辑与想象之间平衡发展。近年来思维导图完整的逻辑架构及全脑思考的方法更被广泛在世界和我国应用在学习及工作方面，大量降低所需耗费的时间以及物质资源，对于每个人或公司绩效的大幅提升，必然产生令人无法忽视的巨大功效。

思维导图的创始人托尼·巴赞（Tony Buzan），他也因此以大脑先生闻名国际，成为了英国头脑基金会的总裁，身兼国际奥运教练与运动员的顾问、也担任英国奥运划船队及西洋棋队的顾问；又被遴选为国际心理学家委员会的会员，是“心智文化概念”的创作人，也是“世界记忆冠军协会”的创办人，发起心智奥运组织，致力于帮助有学习障碍者，同时也拥有全世界最高创造力 I Q 的头衔。截至 1993 年，托尼·巴赞已经出版了二十本书，包括十九本关于头脑、创意和学习的专著，以及一本诗集。

科学研究已经充分证明：人类的思维特征是呈放射性的，进入大脑的每一条信息、每一种感觉、记忆或思想（包括每一个词汇、数字、代码、食物、香味、线条、色彩、图像、节拍、音符和纹路），都可作为一个思维分支表现出来，它呈现出来的就是放射性立体结构。

英国教育学家托尼·巴赞（Tony Buzan）在大学时代，在遇到信息吸收、整理及记忆的等困难，前往图书馆寻求协助，却惊讶地发现没有教导如何正确有效使用大脑的相关书籍资料，于是开始思索和寻找新的思想或方法来解决。

托尼·巴赞开始研究心理学、神经生理学等科学，渐渐地发现人类头脑的每一个脑细胞及大脑的各种技巧如果能被和谐而巧妙地运用，将比彼此分开工作产生更大的效率。以放射性思考（Radiant Thinking）为基础的收放自如方式，比如：渔网、河流、树、树叶、人和动物的神经系统、管理的组织结构等，逐渐地，整个架构慢慢形成，Tony Buzan 也开始训练一群被称为“学习障碍者”“阅读能力丧失”的族群，这些被称为失败者或曾被放弃的学生，很快变成好学生，其中更有一部分成为同年纪中的佼佼者。

托尼·巴赞 1942 年出生于英国伦敦，毕业于英属哥伦比亚大学，先后获得心理学、英语语言学、数学和普通科学等多种学位。他所撰写的二十多种大脑方面的图书已被翻译成几十种语言，在全球五十多个国家出版，并成为世界顶级公司进行高级人员培训的必选教材。另外，他还出任一些政府部门、大学和研究院以及大跨国集团公司的咨询专家，包括国际商用机器公司（IBM）、惠普公司、巴克莱国际公司、数字设备公司等。他主持的大脑知识讲座已成为西方家喻户晓的节目，在广播、电视及录像节目中大受欢迎。业内人士称他为“大脑先生”。

1971 年托尼·巴赞开始将他的研究成果集结成书，慢慢形成了发射性思考（Radiant Thinking）和思维导图法（Mind Mapping）的概念。思维导图是大脑放射性思维的外部表现。依据大脑思维放射性特点，后来成为英国大脑基金会主席、著名教育家的托尼·巴赞（Tony Buzan）在思维研究领域取得了令世人瞩目的成就。思维导图利用色彩、图画、代码和多维度等图文并茂的形式来增强记忆效果，使人们关注的焦点清晰地集中在中央图形上。思维导图允许学习者产生无限制的联想，这使思维过程更具创造性。

相对于国外的发展来说，国内的思维导图的应用还刚刚起步，关于这一点我们从目前国内的有关这方面的培训和研究情况可以明显的感觉到这一点，而且目前我们使用的软件，基本上都是国外的软件。其中就拿托尼·巴赞参与开发的制作思维导图的软件 mindmanager 来说，它已经有英文、德文、日文、韩文等多个版本。我们目前使用都是英文版本的，这也是制约思维导图在国内发展和推广的一个原因之一。

但是我们同时也应该看到现在已经有越来越多的人走近了这个行列，其中包括中国职场思维导图俱乐部的宋尚教授（清华大学客座教授，主攻方向：思维导图在职场的应用），上海师范大学教育技术学系主任黎加厚博士（主攻方向：思维导图在教育体系的应用），河北省唐山市开滦二中的齐伟，上海市上南中学的张国正、北京师范大学网络教育实验室的赵国庆，等等。已经有众多的教育界的先行者在关注和积极谈讨它的应用。也已经有相关的公司在进行思维导图软件的制作开发和汉化工作，国内许多的培训机构和公司也在尝试着把思维导图作为培训课。当今社会的经济是知识经济，全民族智力的发展将决定着国家未来的昌盛繁荣。人类历史越来越演变成为教育与灾难之间的赛跑。要想促进知识经济的发展和国民素质的提高，就必须提高人们的学习素质、学习效率、学习能力。学会学习，如何学习才更有效，如何把中国建设成一个学习型的国家，这是我们整个社会的重要义务、责任和使命。我们应该积极地行动起来，努力学习和吸收一切可以使我们迅速强大起来的优秀文化和技术。思维导图作为一个可以提高我们工作学习效率，促进我们思维扩展的工具，它可以运用到越来越多教育培训中，例如我们传统的教学的过程中，促进教学事业的探讨与改革；运用到我们日常的生活中，促进我们工作效率的改善与提高；运用到我们的企业管理与培训中，使我们的事业得到更有效的改进与发展……，它会运用到到我们学习工作和生活的各个层面发挥特有的作用，为整个社会发展做出应有的贡献。

（一）随着人们对思维导图的认识和掌握，思维导图可以应用于生活和工作的各个方面，包括学习、写作、沟通、演讲、管理、会议等，运用思维导图带来的学习能力和清晰的思维方式会改善人的诸多行为表现：

1. 成倍提高学习速度和效率，更快地学习新知识与复习整合旧知识。

2. 激发联想与创意，将各种零散的智慧、资源等融会贯通成为一个系统。

3. 形成系统的学习和思维的习惯，并将能够达到众多想达到的目标，包括：快速的记笔记，顺利通过考试，轻松的表达沟通、演讲、写作、管理等。

4. 具有超人的学习能力，向优秀人物学习，并超越偶像和对手。

5. 尽快掌握思维导图这个能打开大脑潜能的强有力的图解工具。它能同时运用大脑皮层的所有智能，包括词汇，图像，数字，逻辑，韵律，颜色和空间感知。它可以运用于生活的各个层面，帮助有效地学习，更清晰地思维。

（二）自人们接受学校的教育以来，在阅读或学习过程中，为记住学习内容，养成了按顺序做常规笔记的习惯。然而我们很少意识到：此种传统的笔记方法存在着非常致命的弱点！托尼·巴赞在经过长期的研究和实践后，明确而深刻地对传统笔记的弊端作出了简明而精辟的阐述：

1. 埋没了关键词：重要的内容要由关键词来表达，然而常规标准笔记中，这些关键词却埋没在一大堆相对不重要的词汇之中，阻碍了大脑对各关键概念之间作出合适的联想。

2. 不易记忆：单调的笔记看起来很枯燥，要点也很相似，会使大脑处于一种催眠状态，让大脑拒绝和抵触吸收信息。

3. 浪费时间：要求记些不必要的内容；读些不需要的材料；复习不需要的材料；再次寻找关键词。

4. 不能有效刺激大脑：标准笔记的线性表达阻碍大脑作出联想，因此对创造性和记忆造成消解效果，抑制思维过程。

（三）与传统笔记相比，思维导图对我们的记忆和学习产生的关键作用有：

1. 只记忆相关的词可以节省时间：50%到 95%；

2. 只读相关的词可节省时间：90%多；

3. 复习思维导图笔记可节省时间：90%多；

4. 不必在不需要的词汇中寻找关键词可省时间：90%；

5. 集中精力于真正的问题；

6. 重要的关键词更为显眼；

7. 关键词并列在时空之中，可灵活组合，改善创造力和记忆力；

8. 易于在关键词之间产生清晰合适的联想；

9. 做思维导图的时候，人会处在不断有新发现和新关系的边缘，鼓励思想不间断和无穷尽地流动；

10. 大脑不断地利用其皮层技巧，起来越清醒，越来越愿意接受新事物。

作为助记术的思维导图提供了一个“十拿九稳”的记忆方法，使人们记忆能力成倍增长；同样创造性思维导图也把简单的创造性思维模式向四周无限地发散！书山有路勤奋是路，学海无涯方法是舟，思维导图将是一生受益的优秀学习方法！

思维导图能够清晰的体现一个问题的多个层面，以及每一个层面的不同表达形式，以丰富多彩表达方式，体现了线性、面型、立体式个元素之间的关系，重点突出，内容全面，有特色。

二、产品设计中的思维导图

（一）产品设计思维创新概述

产品设计创新，是基于传统产品设计无法满足消费者诉求或与同类设计产生竞争危机时，设计师需要寻求新的方式进行突破前例的设计，以达到满足消费者和提高市场竞争力的目的。

产品设计是一个将人的某种目的或需要转换为一个具体的物理形式或工具的过程，是把一种计划、规划设想、问题解决的方法，通过具体的载体以美好的形式表达出来的一种创造性活动过程，通过多种元素如线条、符号、数字、色彩等方式的组合把产品的形状以平面或立体的形式展现出来。因此，创新在产品设计中扮演着重要的角色。如何进行产品设计创新，其途径是多样化的，目的都是为了有创造性的突破，而在寻求这种突破的过程中，思维的发散无疑是其必不可少的环节。要快速地组织相关思维信息，实现产品设计的有效创新，需要运用正确的思维发散方法，运用思维导图进行有效发散的方法就是其中之一。

思维导图是有一个非常好的思维工具，是一种将放射性思考具体化的方法。它符合人脑的发散性思维模式。放射性思考是人类大脑的自然思考方式。每一种进入大脑的资料，不论是感觉、记忆或是想法——包括文字、数字、符码、香气、食物、线条、颜色、意象、节奏、音符等，都可以成为一个思考中心，并由此中心向外发散出成千上万的关节点，每一个关节点代表与中心主题的一个连结，而每一个连结又可以成为另一个中心主题，再向外发散出成千上万的关节点，呈现出放射性立体结构，而这些关节的连结可以视为自己的记忆，也就是自己的个人数据库。

生活中的思维导图是以自然思维方式进行绘制，这种思维导图相对简单明了，可以有效地搜集和整理各种相关信息，简单有效地运用在超市购物、整理物品、规划收入支出等日常事务中，以提高处理相关问题的效率。

产品设计中的思维导图有所不同，其需要运用经过大脑加工过的设计思维进行绘制，这就要求在运用思维导图辅助设计时，首先要有一定的设计思维能力，拥有这种思维能力需要掌握基本的设计系统内容，在设计系统中进行相关思维导图的绘制，能有效辅助设计者组织思维进行创新。

产品设计创新的实质是打破旧有思维定式，想出新的方法，建立新的理论，做出新的成绩。特点在于运用的思维方式是具有广度、深度以及独特性的。

从产品设计的流程来看，创新不是简单地指创意，应细分为发现问题阶段的创新、市场调研阶段的创新、设计阶段的创新以及设计传达阶段的创新。

（二）产品思维导图中常见问题

思维导图是一种以可视化手段支持思维激发和思维整理的工具，但它并没有提供“如何激发”和“如何整理”的思维框架。不同的人使用思维导图的效果不一样，就是因为不同人的思维模式不同。“是什么”“为什么”“怎么办”“会怎样”是 5W1H 思维模式的一个变形，这种模式具有广泛的适用性，但也不是任何情况下都是唯一的和最佳的模式。

从产品改良设计的角度来看，生活中存在各式各样的产品，用户在使用的时候都会出现不同的问题，设计师需要不断发现问题，找出设计点。思维导图在此阶段开始发挥作用。设计者或团队运用各自不同的设计思维方式，以设计问题为中心词进行发散，根据各自不同的生活经历与方式，将生活中人们使用某些产品时需要改进的方面一一以词汇方式进行枚举，再不断扩展各个关键词的分支与下层，从中提取出新颖的、未被广泛关注的又长期存在的问题进行新的设计考虑。

从产品开发设计的角度来看，很多企业为了提高市场竞争力，需要开发新的符合市场的产品。运用思维导图的方法可以帮助企业有效地发现市场中未出现的、符合大众需求的产品，已达到开发新产品的目的。

（三）思维导图有助于在市场研究中获得新信息

产品设计项目确立以后，就要进行复杂的市场研究。

从用户研究角度来看，设计者或团队需要确定目标用户，对用户进行分类并分析，包括与项目产品有关的用户生活形态分析、日常行为分析、心理及物理状态分析，发现其在相关领域的需求空白点，在此基础上建立用户基于项目产品的认知模型、使用模型和功能模型。在进行用户研究的过程中，需要仔细分析尽可能找出新的需求空白，发现平时容易被忽视的用户诉求。思维导图贯穿于分析用户诉求的始终，以用户生活行为为中心关键词进行分枝发散，将细节行为内容尽可能地捕捉，从细节中发现新的空白点。

从市场调研角度来看，确立设计项目后，需要走访市场了解已有产品，在这个过程中，可以利用思维导图，以同类产品和类似产品为中心关键词，发散其优点、缺点，为项目产品的更新打下坚实基础。

此外，材料和技术的创新应用也可以用思维可视化的方式进行信息组织，从群体材料信息和技术信息中找出能够用于项目产品的新材料、新技术，例如概念产品的设计。利用思维导图进行分析组织，可使项目产品更具时代性。在对一个观点进行评价时，使用 PMI（好处、不足、兴趣点）就比 5W1H 有更好的效果。

（四）思维导图对设计师创意的重要性

作为一个设计师，最头痛的莫过于大脑短路，没有好的灵感。思维导图基于大脑的发散性思考方式，可以帮助设计者进行有效帮助设计者开发新的创意。产品的设计阶段，需要设计者在前期研究的基础上充分发挥其主观能动性，运用设计思维进行创新设计，在这个阶段，需要激发产品设计者的创新思维寻找创意点。

创新思维的塑造不但取决于设计师的自我心理层面，观察、体验、交流、冒险与环境等外部因素同样会影响到设计师的创新思维模式和思维概念，因此，充分掌握创新思维的形式、特征、表现与训练方法，使创新性思维更具科学化和理性化，并贯穿于具体的设计实践中，这是设计师走出一味模仿和了无创意泥潭的必经之路。创新思维的激发，是产品设计创新过程中的重要环节，要建立创新思维，首先应该扩展设计者的思维视角，对于产品设计者来说，利用思维导图能够有效扩展思维视角，快速将基于肯定否定、传统、相同相异等思维视角的产品相关信息进行展开发散。其次应该运用不同的思维形式进行创新，利用思维导图有效联想发散的特点，再配合形象思维、逻辑思维、再现思维以及创造性思维等从不同侧面考虑产品的设计点，发现设计创意。

三、思维导图的优缺点

（一）思维导图的优点

思维导图是一个既有趣又有效的思考工具和助记工具。总的来说思维导图就是帮助我们思考，记忆，回忆的一种方式。

大家都知道，往往一些不太平常的事情，还有自己花了大力气深入了解的东西比较容易记住。思维导图就是抓住了这个特点，它要求色彩丰富，制作也要别出心裁（具有个人风格），当我们花了半天的努力完成这个思维导图，对图中的内容一定是心有灵犀了。使用思维导图进行学习，可以成倍提高学习效率，增进了理解和记忆能力。如通过使用关键字强迫我们在做笔记的时候就要思考句子的要点到底是什么，这使我们可以积极地倾听讲课者。而且思维导图还激发我们的右脑，因为我们在创作导图的时候还使用颜色、形状和想象力。根据科学研究发现人的大脑是由两部分组成的。左大脑负责逻辑、词汇、数字，而右大脑负责抽象思维、直觉、创造力和想象力。巴赞说："传统的记笔记方法是使用了大脑的一小部分，因为它主要使用的是逻辑和直线型的模式。"所以，图像的使用加深了我们的记忆，因为使用者可以把关键字和颜色、图案联系起来，这样就使用了我们的视觉感官。

思维导图具有极大的可伸缩性，它顺应了我们大脑的自然思维模式。从而可以使我们的主观意图自然地在图上表达出来。它能够将新旧知识结合起来。学习的过程是一个由浅入深的过程，在这个过程中，将新旧知识结合起来是一件很重要的事情，因为人总是在已有知识的基础上学习新的知识，在学习新知识时，要把新知识与原有认知结构相结合，改变原有认知结构，把新知识同化到自己的知识结构中，能否具有建立新旧知识之间的联系是学习的关键。

（二）思维导图的缺点

但是，从系统思维的要求来看，思维导图并不是一个很理想的工具。主要原因是：思维导图表面上看是一张放射性的大网，但是如果把枝叶都垂下来，就会发现这只不过是一个树形结构。

而现实中的系统绝不会都只是树形结构这么简单，系统的结构是非常多样的，并且有的复杂系统很可能是多种基本结构的组合，会非常复杂。所以，如果凡事都用思维导图，那么我们其实是曲解和简化了原本的系统。

而且，不少人把思维导图既当作自己思考某个问题的起点，又当成了终点。当把一张思维导图画完时，就以为已经大功告成、万事大吉。

思维导图的流行使很多人误以为系统分析就是如此这样一个简单、可控的过程，似乎只要不费吹灰之力就能把一个复杂的问题给剖析清楚。它使人们忽视了系统的复杂性，低估了系统思维的艰巨程度，从而逐渐形成一种浅尝辄止的思维习惯。

第八节　创意思维与创意技巧

一、维护产品创意

（一）知识产权对创意产品的重要性

创意产业是以知识产权为核心资产的新产业门类，是最契合知识经济时代的产业形式。对于创意产品来说，其产品本身的价值来源于知识产权。然而在现实的创意产品交易过程中，经常会出现知识产权被侵害的现象。例如，“抄袭”“侵权”“盗版”等，严重损害了创作者的利益。因此为了保护创作者的利益，避免创意产品的知识产权受到侵害，需要在知识产权交易之前明确七个必备条件，在谈判中把握谈判“筹码”，灵活地用商业谈判的思维与对方进行创意产品交易。

“创意”是一个十分抽象的词汇，它是一种意识、一种思维、一种理念。当一个“创意”仅存在于脑海之中没有进行创作转化之前，它并不具有商业价值，不能产生利益。但当“创意”进行创作转化形成产品时，它就具备了创造价值的可能。

创新和创造力是创意产业的核心所在，而知识产权制度正是从产权和法律的角度对人类智力创造活动进行激励，由此可以得出：创意产业的存在和发展是建立在知识产权保护的基础之上。

有价值就会有利益，有利益就会有人希望获得利益，但问题也就随之而来，由于创意产品具有易复制和易传播的特性，因此我们经常会看到创意产品被“抄袭”“盗版”的现象。以创意产品的知识产权为核心，合理运用商业谈判技巧为保护创意产品交易中创作者、知识产权拥有者的利益，提升创意产品的价值提供一些新的路径和思路。

创意产业发挥着越来越重要的作用，知识产权的保护可以说是持续推动创新和创意的关键。相反，若是一个好的创意产品没有知识产权，那么该创意产品将会很快被“抄袭”“仿冒”，辛辛苦苦的创作者得不到应有的利益，抄袭、仿冒的厂商反而会获取高额利润，这样一来无法正面积极地创造所带来的利益，降低了创作者创意思考的动力，从而阻碍创意经济的发展。

（二）树立创意产业的知识产权保护意识

我国的知识产权法从知识产权保护的客观环境上看起步相对较晚、在市场机制中宣传力度不足，创意产业的发展是建立在完善的知识产权保护制度的基础之上，知识产权保护是其不断发展、占领市场的重要保障。因此，国家要有意识地引导创意企业，使企业重视自身知识产权保护制度的建设工作，完善知识产权相关管理制度，制定知识产权工作规划、计划、管理办法，在创意产业的研发、设计、生产、经营等各个环节进行知识产权的全面保护。从企业自身来说，要有知识产权的保护意识。企业要重视版权、商标、专利、商业秘密的保护，加强自我保护机制。企业应将版权登记工作摆在第一位，版权保护是创意产业知识产权保护的龙头，虽然自动保护原则是版权保护的主要特征，但为了摆脱其自身的不易举证、保护力度弱等缺点，企业要切实保护自身的合法权益就要主动进行版权登记工作。商标保护也是一项重要的知识产权保护工作，因为它是一个企业的重要标识和品质保障，对企业的商标进行注册能够有效维护企业的形象，防止企业商标被恶意抢注，避免被不法分子破坏创意企业的产品形象。

（三）强化创意产业的知识产权司法保护

在创意产业知识产权保护管理体制方面，我国当前还没有专门为创意产业设置统一的管理和服务部门，创意产业发展所依靠的政策支持还没有落实到位，知识产权的不同权利客体受不同部门管理，没有做到统一处理，缺乏工作效率。但是随着创意产业日新月异的发展变化，出现了一些包含多项权利的创意产品，该如何管辖就成了问题。知识产权行政保护的主要特点之一是主动性，但在市场竞争中，行政程序的主动、事先的保护功效并不能够完全发挥，总是受到人力、物力等多方因素的制约。相比较而言，知识产权的司法保护虽需当事人自行提起诉讼，属被动保护，但确是更为有效的保护途径。在当今的社会环境中，伴随着民众整体法律意识的提升，知识产权的权利人越来越多地运用司法救济手段来保护自己的合法权益。近年来全国范围内审理的新类型的知识产权案件逐渐增加，司法保护过程中新的问题和新的情况不断涌现，其中就包括和文化创意产业相关的知识产权问题。司法机关应针对创意产业的特点完善司法保护程序，比如可以试行专家咨询制度、专家证人制度等，利用专家的专业性和权威性来应对案件的高科技性和高知识性；应注重保护和支持文化创意产业的知识产权成果在商业领域的运用，合理的评估案件中的相关创意产品的真实价值。

二、创意思维的技巧性

（一）形象思维

形象这一概念，总是和感受、体验关联在一起，也就是哲学中所说的形象思维。另一个与形象思维相对应而存在的哲学概念——逻辑思维，指的是一般性的认识过程，其中更多理性的理解，而不多用感受或体验。所谓的形象思维，主要是指人们在认识世界的过程中，对事物表象进行取舍时形成的，是只要用直观形象的表象，解决问题的思维方法。形象思维是对形象信息传递的客观形象体系进行感受、储存的基础上，结合主观的认识和情感进行识别（包括审美判断和科学判断等），并用一定的形式、手段和工具（包括文学语言、绘画线条色彩、音响节奏旋律及操作工具等）创造和描述形象（包括艺术形象和科学形象）的一种基本的思维形式。

（二）分解与综合

思维的过程主要是从具体到抽象，从抽象到具体的过程。这个过程是通过分解、综合、比较、分类、抽象、概括、具体化、系统化、演绎、归纳、类比等思维操作方法，对事物和信息进行加工的过程。

分解与综合是思维过程的两个侧面，在实际思维活动中二者是密不可分的。只有分析没有综合，只能形成对事物片面的、支离破碎的认识；只有综合没有分析，只能是表面的认识。可见，分解与综合是辩证统一的。

（三）求同求异

求异思维又称发散思维，就是对一个问题力求从多个不同的角度去考虑，努力使自己的方法不同于别人的方法，这对于培养人的创新精神是很重要的。

求同思维则是要努力从不同的问题中，发现它们的共同之处，从而对不同的解法形成统一的看法，达到融会贯通。这样我们才能从题海中跳出来，举一反三，对问题能形成通解通法，进一步从具体的数学问题中跳出来，形成正确的对世界的认识和处理问题的方法。

（四）胡乱联系

也就是头脑风暴，是一种发散思维。把大量不相关的东西放在一块，让他们任意组合，胡乱联系一下，再经过筛选分析，启发思维，寻找灵感。所以，有时候随便走走，或者随便翻翻不相关的书刊，跟无关的人员聊聊天，都可能启发思维，不一定要老是呆在某个地方苦思瞑想才叫工作。

（五）非常规思维

想象一下理想状态会如何，极端条件会怎样，特殊人群会有什么需要，时间起点和终端的情况呢，或者无限夸大缩小一下又如何，变成懒鬼是啥样，故意犯犯错会怎样，极小极大极多极少时又会如何，等等，这些思维可能会使你的问题简化，或者拓展。比如，你开发一个产品，想象一下要是小孩子拿了就可能猛敲，战场上就可能颠簸和损伤，坏蛋就想搞破坏，你的产品是不是可以往这方面革新。

（六）艺术性

思维是一种科学，又是一种艺术。思维的艺术性，反映一个人的思维风格和技巧，是思维个性中思维水平的集中体现。透视思维艺术对课堂教学的影响，能把平凡的不起眼的事赋予更多艺术性或社会意义，比如变得有趣、富含深意，那就是一种创造力。把复杂的公式简单化，把普通的事做得更精美，更优化组合，更节能轻便，这是一种美学创意。把简单的东西做出复杂结构和多样的功能来，也是一种令人惊叹的艺术。所以，做任何事，要试着把它做得细致入微，精美有趣或有意义。

（七）增加新特征

指人们在工作、学习、生活中每逢遇到问题，总要“想一想”，这种“想”，就是思维。它是通过分析、综合、概括、抽象、比较、具体化和系统化等一系列过程，对感性材料进行加工并转化为理性认识及解决问题的。我们常说的概念、判断和推理是思维的基本形式。无论是学生的学习活动，还是人类的一切发明创造活动，都离不开思维，思维能力是学习能力的核心，提高思维能力是我们最重要的学习任务之一。

（八）换位思维

换位思维是人对人的一种心理体验过程。将心比心，设身处地，是达成理解不可缺少的心理机制。它客观上要求我们将自己的内心世界，如情感体验，思维方式等与对方联系起来，站在对方的立场上体验和思考问题，从而与对方在情感上得到沟通。与人之间要互相理解，信任，并且要学会换位思维，这是人与人之间交往的基础——互相宽容、理解，多站在别人的角度上思考。绝大多数创造性思想都是缘于思维角度的改变，对任何事情，你都应该尝试从不同角度、不同位置、不同群体等方面去看一看，想一想，往往你会有一些意想不到的发现。视角的特别，也往往决定了创造力的高低。其中反向思维便是其中一个特例。比如开发产品，最好把自己当成服务终端，考虑一下客户以及中间环节，对每一个环节都维察一遍，是不是可以做得跟别人不一样。也可以把自己当成竞争对手，想想他们的情况，多问问为什么这样，反过来问问为什么不这样，这样思维的时候，你就可能发现问题并加以革新和完善。

（九）移植思想

是一种发散思维的方法，就是将别的领域的思想方法用到自己专注的领域，或者将自己的思想方法拓展到其他领域，也就是学科交叉，甚至学科横断或上升到哲学层次。一有什么想法，赶紧先记下来，然后不断完善，再然后就会想想是不是可以推广到相关领域，或者更宽的领域，其次就是实用性维虑，诸如可不可以用到日常生活或医学研究中去，可不可以申请专利、开发产品或工业化大生产。这样想的时候，也就会连带出更多配套性的问题，思维也就活跃了。

（十）关注矛盾

问题就是机会，不应逃避，而应把它当成取得突破的机遇。每次遇到困难，你最好问问自己，是不是里面暗藏什么机制性的东西，不要轻易放弃，先记下来再说，然后尽可能提出各种设想，逐个加以分析排除。

（十一）预测性思维

预测性思维是指人们利用已有的知识、经验在对事物过去和现在认识基础上，对事物的未来或未知的前景，预先作出估计、分析、推测和判断的一种思维过程。

预测虽是从现实出发，以事实为根据，但思维成果是现实中并不存在的，而是预期的。其次表现在超越实践的历史界限。思维成果不是现实实践的产物，而是要经过人们往后的实践来争取实现的东西。

预测性思维的超越性，是意识独立性在思维方面的重要表现。意识是物质的反映，是在实践基础上产生的，但意识对物质的反映并不是同步的。就一个具体的认识过程来说，意识既有落后于物质世界发展，落后于实践的一面，又有超越于物质世界发展、超越于实践历史界限的一面。这两种情况是认识中的普遍现象。作为意识之一的思维具有超越性也是普遍现象。

（十二）关注最新技术最新思想

新技术新思想实际上就是创造力的最佳生长点，一定要敏锐地把握最新信息，了解前沿动态。遇到新的事物，新的机会，一定要琢磨一番，是不是自己可以在此基础上更进一步，或者拓展开来，为我所用。即使这样的想法没什么实际价值，也要把它记下来，权且作为一种思维训练。所以，越是自己不明白的，越要去接触它，不能完全由着兴趣（喜好有时候就是一种思维定势）。因为新技术必定不完善，有太多值得拓展的空间，获得新想法的几率更高。

（十三）数学化

对任何事，要尝试建立数学模型去量化、标准化。毕竟世界上很多事还无法量化，这实际上既是挑战，也是发挥创造力的机遇。比如生物医学，目前很难量化，但某些方面却又存在数量关系，很多人就不维虑这种关系，做的研究就可能与实际情况相去甚远。

（十四）逻辑推演

逻辑推演泛指从一个思想（概念或命题）推移或过渡到另一个思想（概念或命题）的逻辑活动。包括由一个概念过渡到另一个概念的逻辑推演（如概念的概括、限定、概念的定义、划分等）和由一个或一些命题到另一个或另一些命题的推演（如各种直接推理、间接推理以及论证等等）。逻辑推演包括逻辑演算，而不等同于逻辑演算。

（十五）思维社会需求

在当前这样一个变革的时代，实现公共治理的“善治”，实现社会关系的 “和谐”，需要“预见性”思维，尤其需要“怎么办”思维。对于各社会成员来说，这种“怎么办”思维更为重要，它是“人民首创精神”的重要组成，是群众无穷智慧与创造的思考起点，不仅有利于公民实现“有序政治参与”，彰显知情权、参与权、表达权、监督权，更有利于提升公民参与社会管理的水平和质量。只要是需求，都值得认真思维。实际上，对创造力评价的一个重要指标就是其社会意义，包括理论的，技术的，以及实际生活需求的。所以，一定要把自己的思维拓展开来，维察社会需求的方方面面，能不能建立一种关联。比如，做基础生物学研究的不一定就只做实验室工作，可以拓展一下是不是可以与国计民生联系，比如垃圾处理，口腔卫生，食物监控，生物能源之类。你也可以先维察社会需求，然后看看哪些可以作为自己研究突破的方向。

（十六）哲学思维

哲学思维的与众不同之处在于，它是一种前提性的、刨根究底的思维。正是这一点决定了哲学探索乃是激动人心的思维之旅，哲学思维并不是那种专拣细枝末节着眼的佣仆式思维。德国哲学家黑格尔曾经说过，佣仆心中无英雄。意思就是说，佣仆永远看不到他们所服侍的伟大人物的伟大之处，因为他们着眼的只是伟大人物吃喝拉撒这些细枝末节。哲学思维是从大处着眼的。正如法国哲学家帕斯卡尔所说，人在宇宙中不过是一个微粒，但人的大脑却可以包容并思索整个宇宙。

（十七）学做有心人

会收集资料和思想方法，积累基本知识和资源，成为某方面的专家，洞察研究前沿，这些都是创造思维的基础.

（十八）跳出定势

下意识地问问自己的思维模式是不是一种定势，是否可以跳出来呢？这样想的时候，也许你可以感悟到自己的局限，并把思维带到另外的角度或方向，甚至可以天南海北自由驰骋，突破常规。

（十九）行胜于言

很多时候，只有亲身经历一些事情，你才可能在某方面形成独到的见解。文学家如此，做科学研究的也一样。比如创立肿瘤血管抑制治疗的科学家就因为他发现临床上肿瘤血管增生与预后有关，而那么多只呆在实验室的肿瘤学家就很难了解这一点，也就无从谈起发现新规律了。所以，有时候不一定要有成熟想法才去做，而应边做边发现，摸索前进，很多美国学者就是这么干的。

创意产品是创意经济发展的动力，创意经济的良好发展对于从事创意产业的工作者来说尤为重要，合理运用商业谈判进行创意产品交易在保护创作人创意知识产权利益的同时，也促进了创意经济的良性发展。

第二章 产品创新设计思路

第一节 产品概念设计的定义及特征

一、概念的生成

产品概念，主体是产品。品牌产品在推出新产品的时候，往往为新产品设计一种概念，用以彰显产品的优势。是思维的基本形式之一，反映客观事物一般的、本质的特征。概念是人类在认知过程，把所感觉到的事物的共同特点抽取出来加以概括的结果。简单而言，概念就是人们对事物的认知。它抽象又具体、普遍又特殊，是一类事物的共同属性，又是一件事物的抽象提取。

概念设计是由分析用户需求到生成概念产品的一系列有序的、可组织的、有目标的设计活动，它表现为一个由粗到精、由模糊到清晰、由抽象到具体的不断进化的过程。概念设计即是利用设计概念并以其为主线贯穿全部设计过程的设计方法。概念设计是完整而全面的设计过程，它通过设计概念将设计者繁复的感性和瞬间思维上升到统一的理性思维从而完成整个设计。完整的设计工作，就是一项将设计概念提取、提炼，最终物化的过程。在传统的产品设计过程中，设计者常会无意中运用概念设计方法，这些设计概念的生成被认为是一种直觉、创造甚至是灵光一闪。设计者知道怎样完成设计、解决产品中的设计问题、实现概念从想法到物化的转变，但是很少能够确切的明白自己怎样解决问题、做好设计。设计者在设计概念产生后，用一点想法不断引发更多想法，凭借的是经验和技巧，这似乎是一种与生俱来的技能，难以言喻。

概念的设想是创造性思维的一种体现，概念产品是一种理想化的物质形式。设计者通过绘画和交谈具体化思维，这提供了一个有意义的研究领域。

设计不是在真空中创造出来的，设计者，需要明确认识应改进的问题，确定改进目标，换句话而言，这是以设计者的智力挑战现有的认知科学。通常要对已有的文化进行回应，设计出的作品最终又成为文化的一部分。随着社会经济的不断进步发展，丰富的物质文化给设计工作的进行提供了更多养料。作为设计者，既要具备对现有产品设计概念的解读能力，又能够做到对这样的文化进行延续，即通过对已有产品传达的信息、语义的了解，构造新的信息与语义的产品。对客观世界的认知和了解是一名设计人员进行符合当下社会人文的产品设计的基础，知识积累是设计概念产生的必要。

完成产品概念设计只是第一步，能不能进行第二步 Detail design，第三步 Manufacturing design，甚至投放市场为开发商或企业带来效益等，这是个风险问题。设计师的概念设计毕竟与难以预料市场变化有着许多差距。如何缩短这一差距，是以往概念设计者的难题。在开发设计的许许多多产品中，只要一百件产品中有几件能够投放市场见效益就是成功。在追求“百分之几”的见效益成功的过程中，如何减少做“分母”的被动，扩大见效益的百分比，仍是最关键的，是公司管理决策人士和设计师共同努力的方向。

二、产品设计的特征及其前景预测

20 世纪 80 年代以来，由于计算机技术的快速发展和普及以及因特网的迅猛发展，人类进入了一个信息爆炸的时代。这种巨大的变化，不仅改变了人类社会的技术特征，也对人类的社会、经济、文化的每一个方面产生了深远的影响。这种影响，同样也改变着产品设计的发展。

（一）信息时代下的工业产品设计

工业设计（英文名 industrial design）是人类为了实现某种特定的目的而进行的创造性活动，适应物品特质，不单指物品的结构，而是兼顾使用者和生产者双方的观点，使抽象的概念系统化，完成统一而具体化的物品形象，即它包含于一切人造物品的形成过程当中。

上个世纪末我们已经进入知识经济和信息时代，信息社会是以网络资讯和知识创新为资源，它迅速的改变着人类社会的生产、生活方式。对人类的学习、工作、交流、生活等各个方面都产生了深远的影响，互联网的飞速发展给人们提供了全新的概念，人类社会已经由以机械化为特征的工业化社会走向以信息化为特色的"信息社会"。这使工业设计的范畴大大扩展了，由先前服务于工业企业扩大到社会各界，由硬件设计扩展到企业策划、设计管理等软件设计。由于计算机辅助设计的出现，设计的方式发生了根本性的变化。这不仅体现在用计算机来绘制各种设计图，用快速的原型技术来替代油泥模型，或者用虚拟现实来进行产品的仿真演示等。更重要的是建立起一种并行结构的设计系统，将设计、工程分析、制造三位一体优化集成于一个系统，使不同专业的人员能及时相互反馈信息，从而缩短开发周期，并保证设计、制造的高质量。

随着人类社会由以机械化为特征的工业社会走向以信息化为特色的“后工业社会”，工业设计的范畴也大大扩展了，由先前主要是为工业企业服务扩大到为金融、商业、旅游、保险、娱乐等第三产业服务；由产品设计等硬件扩展到公共关系、企业形象等软件；由有形产品的设计扩展到“体验设计”“非物质设计”

等无形产品的设计，“工业设计”的概念逐渐为内涵更加丰富的“设计”概念所取代。

（二）信息时代工业产品设计的特点

信息时代是科技日新月异的时代，也是设计师可以尽情发挥创造性和想象力的时代。在这个时代里，设计的形式和内涵都在发生深刻的变化，绿色设计、人性化设计、个性化设计以及设计的文化与艺术价值都将越来越备受人们的重视。以计算机和互联网为特征的信息化社会改变了人们的生活方式，也改变了设计师的工作方式，设计的形式和内涵都在发生深刻的变化。在提倡多元化的今天，设计在体现高新技术、提供良好功能的同时还充当着关注生态环境、表现人文特点与个性特色等的多重角色。

计算机技术的发展与工业设计的关系是非常广泛而深刻的。一方面，计算机的应用极大地改变了设计的技术手段，改变了设计的程序与方法。与此相适应，设计师的观念和思维方式也有了很大的转变。另一方面，以计算机技术为代表的高新技术开辟了设计的崭新领域，先进的技术必须与优秀的设计结合起来，才能使技术人性化，真正服务于人类，设计对推动高新技术产品的进步起到了不可估量的作用。

计算机辅助设计，是利用计算机及其图形设备帮助设计人员进行设计工作，简称 CAD。在工程和产品设计中，计算机可以帮助设计人员担负计算、信息存储和制图等项工作。CAD 能够减轻设计人员的劳动，缩短设计周期和提高设计质量。在设计中通常要用计算机对不同方案进行大量的计算、分析和比较，以决定最优方案；各种设计信息，不论是数字的、文字的或图形的，都能存放在计算机的内存或外存里，并能快速地检索；设计人员通常用草图开始设计，将草图变为工作图的繁重工作可以交给计算机完成；利用计算机可以进行与图形的编辑、放大、缩小、平移和旋转等有关的图形数据加工工作。在信息时代，电脑系统已承担起设计过程中的大部分事务性、重复性的工作，而只把机器难以做到的事，思维和创造留给设计师，从而改变了技术密集型人才从事劳动密集型工作的局面，这已成为信息时代的鲜明特点。工业设计的真正发展则是在近 50 年现代大工业摇篮中，特别是以计算机为标志的信息时代的到来，更促进了工业设计的飞速发展，而且发展的速度越来越快，并为设计教育和现代社会各领域带来了深刻而根本的变化。计算机的引入替设计师完成了大量的理性工作，而设计师则可以更多地致力于概念分析、创意。

（三）工业产品设计的趋势

产品设计是工业设计的核心内容，因此，从狭义上讲，工业设计就是现代意义上的产品设计。产品设计的主要对象，就是那些富有长久形象存在的产品，因此形象的构成是工业设计的主要内容之一，像没有固定形态的工业产品、消费品（如食品），不应成为产品设计的主要对象。设计不再是设计师单一的个人行为，而是设计师、工程技术人员、市场营销人员、社会学家、心理学家、企业家等共同合作的结果。

以信息技术为特征的产品的智能化，构成了人机符号认知系统的新语境，使人对产品的认识和操作改变了以往人与产品的接触关系，从而使劳动强度、工作效率、环境安全得到了根本的改善。同时，产品设计与互联网联合的必要性取决于消费行为的变化和科学技术的发展，消费者已从理性消费转到感性消费，他们的权利变得空前强大，市场定位变得越来越细，种种原因要求企业更加了解消费者，以最大的能力满足消费者的选择，使达到较高的满意度。互联网技术逐渐成熟，利用网络进行生活和商务办公已成为现实，而现在只需要发掘和利用其潜能，网上购物将成为未来生活中的主要的一种购物形式，而实地购买将成为一种休闲方式，是一种娱乐。

随着人们生活水平的提高，人们对精神享受的需求日益增加，人们对商品的要求也在变化，要求含有更多的文化艺术。商店不仅是出售商品，更主要是出售一种文化、情调、风格和服务。工业设计可以将科学技术与社会文化的进步有机地结合起来，转化为具体的产品形态和使用方式，并通过它使人感受到现代科技与现代文化给人们所带来的美感。所以，工业设计总的发展趋势是：其文化艺术含量的比重将不断增强，艺术又是不断发展的，因此，工业设计的发展前景很广阔。

信息革命影响了信息的传播方式，从而对设计的过程产生“革命性”的影响。信息时代仅用了几十年就过渡到一个新的历史阶段，高技术埋没了人的个性，如何重整人性与技术之间的冲突，需要对工业设计进行反思。面向信息时代的工业设计应该基于传统意义上的工业设计，针对信息产品的特点。研究和发展始于信息时代的工业设计方法。在与互联网的紧密结合下，朝着情感化、互动化和艺术化创造方式的方向发展。

三、擦平设计的审美特征

现代意义上的工业设计始于产业革命，与现代化大工业机器生产紧密相连，是人类对工业化物质生产成果的一种能动的创造，也是人类在现代大工业条件下按照美的规律造型的一种创新实践活动。产品设计又称产品造型设计，是工业设计的主导和核心，它与其他所有门类的设计一样，不单纯是工程技术设计！也不单纯是工艺美术设计，而是融科学与美学、技术与艺术于一体的现代艺术设计，产品设计具有以下一些审美特征。

（一）材料的审美属性

材料是结构的基础，不同材料的运用往往标志着当时生产力的发展水平，具有鲜明的时代特征。产品选择不同的材料，它所表现的形体样式和获得的外观质感效果是大不一样的。从设计史上可知不同设计风格的演变往往与新材料的发展与应用是同步进行的。现代设计中常见的有金属、塑料、陶瓷、玻璃、皮革、织物以及不断出现的新兴复合材料，而其中的金属和塑料在产品中应用得最广泛。材质的光泽、颜色、密度、纹样、肌理及杂纯、明暗、润涩、粗细、软硬、轻重、冷暖等，都是材质美的不同表现，都对产品的整体美起重要的作用。

随着信息时代的到来，人们对产品的需求也不断的增加，人们的审美观念也在不断的发生变化，因此，设计师在设计产品时应从审美表现、审美文化、审美特征这三方面全方位考虑才能创造出更好、更优、更符合人们审美需求的现代化的产品。

（二）“以人为本”的宜人性

产品设计的宗旨是从人出发“以人为本”。所谓宜人性，指的是所设计和制造的产品的造型、结构、外观形象必须是为人们易于而且乐于接受和认同，与人的生理、心理特性相适宜，使人感到舒适、愉悦。这就要求在产品设计时，不仅在整体上而且在局部和细节上，都应根据技术美学、人机工程学、生理学、心理学的原理，努力达到宜人性的要求，做到安全、方便、舒适、赏心悦目，有利于人的身心健康，在设计的每个环节，既要充分考虑产品造型、结构、外观形象愉悦身心的整体审美效果，还要充分考虑产品的坚固、安全、便于使用，仪表图示清晰醒目，不致因为设计中由于局部和细节问题处理不当而带来不方便、不舒适、不安全等弊端，那些与人们日常生活密切的产品，如电脑、电视机、家具、汽车、健身器材等，尤其应注重产品的宜人性，使人在操作产品或与产品相处时，情绪安宁、减少疲劳、增加愉悦、减轻精神压力、提高工作效率、并能从中得到一种审美享受。

（三）功能与主导性

一般说来，产品设计有三大构成要素：功能需求、物质技术基础以及造型和审美，其中，功能需求指产品本身所具有的某种特定的功效和性能，在三大要素中居于首要和核心的地位，可以这么认为，物质技术基础是产品设计的前提，造型和审美是好的产品设计的必备条件，满足功能需求则是产品设计的目的和归宿。换句话说，产品的客体存在实质上就是功能的载体，产品的设计、制造过程中所运用的一切手段和方法，都必须依附于产品的功能而进行由此可见，功能是产品设计的决定性因素。

一切物质产品，其功能的合目的性则是它存在的必然前提条件。也就是说，物质产品是必须具有实实在在的物质实用功能，对人有用、有益、能够满足人的某种实际需要，才有存在的意义。安全性能很差的飞机、汽车、不能制冷的电冰箱、不亮的台灯、不响的收音机、图像模糊的电视机，它们完全丧失了实用功能，无论款式如何新颖别致，装饰如何靓丽抢眼，也等同于废品。虽然，产品的使用功能是产品的根本属性，但是，我们不能把产品仅仅局限于实用功能范围内。德国克略克尔提出的产品功能的TWM系统理论，他认为产品设计的功能是一个技术功能、经济功能、与人相关的功能的一个总和，将产品设计的功能理解为从内到外，从实用价值、功效价值到审美价值的整体。在西方设计史上曾一度出现过“功能至上”“唯功能论”“功能主义”的思潮，认为产品的实用功能就是一切，单纯地追求实用功能，把实用功能强调到无以复加的绝对化的地步。按这种设计理念生产出来的产品尽管实用功能不错但造型粗笨丑陋，“傻、大、黑、粗”、观赏性极差，使人产生厌恶、抵触心理，为人们所冷淡甚至唾弃。这说明产品设计在强调实用功能的主导性地位的同时，还应考虑产品设计的其他方面。

（四）结构和造型的统一性

产品造型指产品外在形态的确立和构成，产品结构指产品内部的组织构造，前者反映的是产品的艺术特性，后者反映的是产品的技术特性。产品的艺术特性主要体现在运用形式美的法则创造具有形体美、色彩美、材质美并符合时代审美观念的新颖的产品，而产品的技术特性则体现在运用技术加工的手段所表现出来的技术美、工艺美。不管是艺术美还是技术美它们都不是孤立存在的，它们两者是相互统一、相互依存的。只有两者有机的结合才能创造产品的审美价值。如丹麦设计师汉宁森设计的“PH”系列灯具，至今畅销不衰。“PH”系列灯具的特点主要是：所有光线必须经过一次反射才能达到工作面；有着柔和均匀的照明效果，并能避免阴影的出现；无论从哪个角度看，都看不到光源，避免了眩光刺激眼睛；对白光灯光谱进行补偿，以获得适宜的光色；减弱灯罩边沿的亮度，并允许部分光线溢出，以防止灯具与黑暗背景形成过大反差造成眼睛的不适，正是系列灯具造型和结构的统一性共同创造了一种温柔舒适的视觉美感。

第二节 产品中的创新思维

一、创新思维是创新的核心

创新思维是指人类为了满足自身需要，不断拓展对客观世界及其自身的认知与行为的过程和结果的活动。或具体讲，是指以新颖、独特的方法解决问题的思维过程，是以超常规乃至反常规的眼界、视角、方法去观察问题，提出与众不同的解决方案的思维形式和思维方法。而创新是指首创前所未有的具有相当价值的事物或形式。通俗的说，创新是指人为了一定的目的，发现别人未发现、想到别人未想到、解决别人未解决的问题和事情。遵循事物发展的规律，对事物的整体或其中的某些部分进行变革，从而使其得以更新与发展的活动。

从创新过程来看，创新的第一阶段就是进行信息的搜集与整理。管理者要从管理目标与需要出发，大量搜集与整理信息资料，分析组织内部存在的不协调因素，界定所要解决的问题与任务要求，同时明确客观环境与主观条件。在此基础上理清创新的大致方向。 第二阶段创新方案的制定。创新是有风险的，为了将这种风险降到最低，企业必须根据本企业内外的实际情况。结合公司的整体发展战略和业务特点，制定适合本企业的创新方案。 第三阶段是实施创新。有了创新方案，就要迅速付诸实施。而不论这一方案是否绝对完善和十全十美，如果想等到创新方案达到完美的时候再行动，那将是看到别人成功的时候。第四阶段是不断完善。前已述及。创新是有风险的。是可能失败的。为了尽可能避免失败。取得最终的成功。创新者在开始行动以后。要不断研讨。集思广益。对原有方案进行补充. 修改和完善。 最后再创新。这一轮的创新成功。则为下一轮的创新提供了动力。创新不能停止。必须要在一个新的起点上实施再创新。即使这一轮创新失败。也要从失败中总结经验. 吸取教训。为持续创新提供借鉴。

创新的理念适合于每一个人，每一个团体，每一个领域。创新并非虚言一句。我们都看得到创新的结果是得到非凡进步以及自我超越，然而我们在欣赏与赞叹其好处的同时，亦常忽略了创新之所以形成的因果根本——创新思维的核心本质。因此我们也往往不善于去做对的事情，反以惊人的毅力与执着，浪费于牛角尖之内终究亦无非是路越走越窄，或换取乐于小成的局面而已。在设计过程中，创新思维的地位也是无法替代的。设计讲究“创意”（创意即创新思维），创意的高低直接关系到设计的好坏，是决定竞争胜负的关键。不论各种设计比赛，还是各大公司的设计实践，都把创意作为至上的评价标准，创意奖项的设置以及产品生产前的选样等等都说明了创意的重要。设计可以为产品创造附加价值，创意就是门阀。我国设计与世界发达国家相比，除生产技术和科研水平相对落后之外，创意的差距显而易见，这也是导致国产品牌价格低廉，难以打入国际市场的主要原因。因此，设计如若创新，就必须首先在思维上创新，从根本上扭转国货销售不利的局面。

二、创新思维转变为设计创新的因素

人人都能创新，人人都可能成为天才。但创新思维的产生不是一蹴而就的。简而言之，创新思维人人皆备，但却并非人人都能创新。事实上，我们的思维每天都在创新，不断变化与革新的外部世界促使我们不断改变我们所持有的对世界的看法。然而，大脑中产生的新思维并非都能够物化成实在的创新成果。设计者的思维和成果都以创新为准则，但通常好的创意却无法在作品中体现出来。究其原因，是因为从创新思维到创新的真正实现会受到各种因素的影响。

（一）主观因素

1. 思维敏捷，但缺乏创新性思维能力。随着知识和经验的不断积累，我们的想象力逐渐丰富起来，思维，尤其是逻辑思维能力有了很大程度的发展。但由于我们知识面窄、学科之间缺乏合理的整合。我们的思维方式常常是单一的和直线式的，我们考虑问题和处理问题的方法常常千篇一律，没有创新和突破。

2. 创新思维与创造性思维不同。创新意识很强，但缺乏利用和创造条件的能力。创新能力的具备和创新行为的实施都是建立在创新思维意识和创新欲望的基础之上。人的大脑普遍具有创新动机，人对创新也有一定程度的认识，却没有较好的利用和创造条件。设计人员希望在设计中产生新思想，完成新作品，但是由于学习期间学校创造性学习条件的局限以及自身不善于创设和利用现有条件，往往不能把握学科的最新发展动态和与相关学科的横向联系，由此限制了设计者在创新思维指引下完成创新的进一步发展。

3. 有灵感，但缺少创新技能。设计者经过长期的脑力劳动，在大脑皮层留下一些暂时神经联系，在特定的因素的诱发和引领下，这些暂时的神经联系会接通，产生灵感。但是由于平时掌握的和运用的技能较为单调和薄弱，虽然产生了灵感，但这些灵感是短暂的，缺少横向联系，灵感最终是昙花一现。

（二）客观因素

1. 缺乏创新能力的培养。现代社会市场竞争异常激烈，任何单位要想取得良好的发展，必须依赖于人才的创新能力，而人才培养的摇篮是高校，我国高校培养的大学生创新能力如何，是否能经得起社会的考验，直接关系到国家的未来和民族的振兴。而目前我国教育内容陈旧与教学方法单一，忽视了设计者在学习期间创新能力的培养。当前高校教学仍以知识的学习为主要内容，缺乏能力的培养；在教学方法上仍以课堂讲授为主，形式较为单一，缺少创新。在这种教学状态下，学习的主动性能和积极性显然不够，或者说没有得到更好的挖掘，从而影响了自身创新能力的提高。

2. 专业范围的限制。目前设计专业的划分比较清晰，但是设计者在学生时期对专业的理解不够充分，往往把本专业限定在较小空间中，例如工业设计专业的学生通常认为本专业就是设计产品的造型，其实工业设计专业所涵盖的内容大大超过这些，从产品企划、产品外观造型设计、产品工程设计与制造、产品营销推广各个阶段都有需要工业设计师付出专业能力的岗位，只不过每一个岗位对应的工业设计专业能力侧重点不同，但是由于学生认为的限定，造成专业范围狭窄。既没有完全掌握本学科的知识，又没有时间和条件学习相邻学科和边缘学科的知识，从而限制了事业和创新能力的发挥。

3. 产品设计的决策权掌握在客户手中。产品设计都是以客户要求为前提，按客户所要达到的效果为目的，因此，产品的决策权取决于客户。目前国内设计与市场的关系是比较尴尬的，设计公司根据市场流行和需求进行设计，设计作品的认可与否由客户决定本无可厚非，但是，设计质量的好与坏、高与低却从设计师的评判转移到购买者中。好的创意不被认可，庸俗过时的却大加赞赏。设计公司没有决定权，导致了设计人员创新积极性的减退，极大限制了思维的创新和成果的创新。

三、设计创新的关键

创新是发展的动力，没有创新就没有发展，设计创新的关键是思维创新。这就要打破传统思维的束缚，克服单一性和封闭性，培养新思维。

（一）转变教育理念，培养创新型人才

随着时代的前进，科技进步日益加快，世界经济与社会发展也越来越呈现出新的变化，创新能力的高低已明显地决定着一个国家在世界上的整体实力与竞争力。因此，培养创新型人才，大力发展和扶持高新技术产业，已成为世界各国、特别是发展中国家关注的焦点，也是科技界和教育界共发展的方向。思想决定行动，理念指导行为。高校是培养高层次设计人才的基地，应着眼并着手于转变教育理念中那些不利于创新人才培养的价值观、质量观和人才观，要以树立创新观念为先导，加强学生的创新精神和实践能力培养为重点，培养创新人才为核心目标，改变传统的以传授知识为主的教育模式，构建新型教育体系。

（二）加强创新能力的锻炼

人的思维是需要一定层次的锻炼，但是过度地思考问题可能不会让你的智商达到较好的层面上。我们应该投入到设计实践后，设计人员应在设计时与设计外主动加强创新能力的锻炼。首先，认真分析设计成功案例，仔细揣摩其创意内涵，真正理解和学会表现设计思想的方式方法；其次，开拓视野，不断关注和把握最新的流行时尚，及时运用流行元素，并把所吸收领悟的成功经验应用在自己的实践当中；再次，经常与优秀设计人员交流，学习成功经验并融会成自己所有，多实践多总结，不断提高设计创新能力。

（三）营造创新人才成长的良好环境

目前，我国科技人才队伍建设取得显著成就，但矛盾和问题仍然存在。解决这些矛盾和问题，关键是要改革和完善人才发展机制，为创新人才培养提供更好的生态和环境。营造良好的创新人才培养机制、环境和生态，将对创新人才的大量产生起到重要促进作用，进而推动创新目标的实现以及创新型国家的建设。

（四）刻意强调创新思维可能导致伪创新

俗话说，只有想不到，没有做不到。创新思维是创新的核心部分，是产生质变

的重要阶段。但须要指出的是，若不经过认真筛选而把所有想到的都做到，也未必是有价值的，有时也可能是不利于社会发展的。任何事物都离不开“度”的把握，如果刻意强调创新思维，就可能会忽视设计与社会的关系，包括实用性、耐用性和环保节能性等方面。上世纪美国的汽车业曾是世界汽车市场的霸主，但是由于“有计划的废止制度”的实施而过于强调样式的创新，不断更新汽车的外部式样，忽略了汽车实用和动力性能的开发以及节能环保因素的考虑，从而造成了华而不实和奢侈浪费的整体形象，最后导致汽车市场被经济实用的日本汽车占据。

国内设计行业也时常出现类似现象。片面的求新求快超过了消费市场的实际需要，刻意的求宽求大（指设计范围和产品线的横向和纵向的延伸）模糊了品牌的市场定位。产品的大量积压形成了新的资源与能源浪费，市场认可度的降低使企业失去了竞争能力。甚至连目前设计界严重的抄袭现象的产生原因之一也极有可能源自于此。

四、创新思维的方法

创新思维是一种具有开创意义的思维活动，是指能提供新颖独特的、具有社会价值的产品的思维。在科学技术不断发展、商品生产不断繁荣的新时代，据一些经济发达国家的销售专家预测，随着科技的加速进步，现在的 80% ~ 90%的产品将被降低档次销售，或被迫廉价抛售，或被迫彻底淘汰，为更加高档、时新、功能多样的产品所取代。这就需要突破传统的思维模式，进行产品创新思维，这里简介八法，以资借鉴。

1. 替代思维。一种产品在消费实践中已证明是过时落后的，人们希望有新的更好的东西替代之。而一旦有了优于或完全不同于这种产品的另一种新产品问世，市场销路往往会出人意料的好，经济效益也会出人意料地高。

2. 多路思维。就是使头脑中多路创新思维聚焦于某一个中心点上，在产品开发中向某一个焦点发起创新攻势。

3. 跟踪思维。就是通过对社会消费迹象进行跟踪调查之后，进行综合、分析和思考，从中发现未来产品的开发创新。

4. 逆向思维。逆向思维是相对于顺向思维而言的，它是从相反的角度思考产品开发，把市场最终目标作为产品研究的出发点，沿着为实现未来而思考现在，为到达终点而把握起点的思路。

5. 物极思维。有一种现象：一只足球撞到墙上，因受反作用力的影响而猛然回头，顺着原方向，返回到一定的距离处，受反作用力越大，返回距离就越远。物理学家称此为“物极原理”。

6. 发散思维。就是从某一研究和思考对象出发，充分展开想象的翅膀，从一点联想到多点，在对比联想、接近联想和相似联想的广阔领域分别涉猎，从而形成产品的扇形开发格局，产生由此及彼的多项创新成果。

7. 否定思维。“否定是创新之母。否定自己的过去，意味着创造更好的未来。产品创新也是这样。

8. 心理思维。抓住人们的心理追求去开发创造新产品，往往可以收到妙不可言的市场效果。

五、品牌设计中的创新思维

思维最初是人脑借助于语言对客观事物的概括和间接的反应过程。思维以感知为基础又超越感知的界限。它探索与发现事物的内部本质联系和规律性，是认识过程的高级阶段。

（一）品牌理念

品牌理念是指能够吸引消费者，并且建立品牌忠诚度，进而为客户创造品牌（与市场）优势地位的观念。品牌理念是得到社会普遍认同的、体现企业自身个性特征的、促使并保持企业正常运作以及长足发展而构建的并且反映整个企业明确的经营意识的价值体系。

品牌理念应该包括核心概念和延伸概念，必须保持品牌理念概念的统一和完整，具体包括企业业务领域（行业、主要产品等）、企业形象（跨国、本土等）、企业文化（严谨、进取、保守）、产品定位（高档、中档、低档）、产品风格（时尚、新潮、动感）等等的一致。

品牌理念是得到社会普遍认同的、体现企业自身个性特征的、促使并保持企业正常运作以及长足发展而构建的并且反映整个企业明确的经营意识的价值体系。

（二）品牌名称设计

好名字可以让美容产品“先声夺人”，给消费者留下深刻的第一印象。中高档品牌在起名的时候可参照几个原则：

第一，一定要中英文名称兼具，符合国际知名品牌惯例；

第二，英文名称上可借鉴国际品牌的取名方式，采用大写英文缩写，如 CD、Fa、PH5 等既有文化背景和时尚含义，又对产品特性有一定的描述；

第三，中文名称要简洁大气，最好使用阳平音，朗朗上口，易于记忆；

第四，品牌名称要能充分体现品牌理念，给人留下想象空间，制造购买欲望。

品牌理念是企业统一化的识别标志，但同时也要标明自己独特的个性，即突出企业与其他企业的差异性。要构建独特的品牌理念需要实现以下目标：首先，品牌理念必须与行业特征相吻合，与行业特有的文化相契合；其次，在规划企业形象时，应该充分挖掘企业原有的品牌理念，并赋予其时代特色和个性，使之成为推动企业经营发展的强大内力；再次，品牌理念要能与竞争对手区别开来，体现企业自己的风格。

很多知名厂家在推出所谓“第二代”或新品牌时，喜欢求大求全，产品系列繁多，品种复杂到动辄上百甚至数百个。过于追求功能性的细化往往会造成一系列的问题，譬如生产、物流、培训、市场推广等问题

产品的品类设计上要从市场运作和消费者需求的角度出发，不能靠生产者的闭门造车。多数时候，按照“二八法则”把品种优化到30～50个以内就足以满足市场需求。而且单品的设计要完全为客装销售服务，凡是不好卖或可能不易于大量销售的品种均应不采用。

在品牌的品类设计上，企业品牌设计是在企业自身正确定位的基础之上，基于正确品牌定义下的视觉沟通，它是一个协助企业发展的形象实体，不仅协助企业正确的把握品牌方向，而且能够使人们正确的、快速的对企业形象进行有效深刻的记忆。品牌设计来源于最初的企业品牌战略顾问和策划顾问，对企业进行战略整合以后，通过形象的东西所表现出来的东西，后来慢慢的形成了专业的品牌设计团体对企业品牌形象设计进行有效的规划。

（三）产品包装设计

产品包装设计即指选用合适的包装材料，针对产品本身的特性以及受众的喜好等相关因素，运用巧妙的工艺制作手段，为产品进行的容器结构造型和包装的美化装饰设计。

一个产品的包装直接影响顾客购买心理，产品的包装是最直接的广告。好的包装设计是企业创造利润的重要手段之一。策略定位准确、符合消费者心理的产品包装设计，能帮助企业在众多竞争品牌中脱颖而出。包装设计涵盖产品容器设计，产品内外包装设计，吊牌，标签设计，运输包装，以及礼品包装设计，拎袋设计等是产品提升和畅销的重要因素。优秀的包装，不仅在卖场会吸引顾客的注意力，还会将产品进一步提升，是任何知名企业所不敢忽视的市场策略。

是在运输包装的外部印制的图形、文字和数字以及它们的组合。包装标志主要有运输标志、指示性标志、警告性标志三种。运输标志又称为唛头（Mark），是指在产品外包装上印制的反映收货人和发货人、目的地或中转地、件号、批号、产地等内容的几何图形、特定字母、数字和简短的文字等。指示性标志是根据产品的特性，对一些容易破碎、残损、变质的产品，用醒目的图形和简单的文字做出的标志。指示性标志指示有关人员在装卸、搬运、储存、作业中引起注意，常见的有“此端向上”“易碎”“小心轻放”“由此吊起”等。警告性标志是指在易燃品、易爆品、腐蚀性物品和放射性物品等危险品的运输包装上印制特殊的文字，以示警告。常见的有“爆炸品”“易燃品”“有毒品”等。

（四）独特的卖点设计

独特的卖点就是制造产品的闪光点，吸引经销商的眼球，点燃消费者的购物

欲望。

要想找出你的产品的不同之处，最好办法就是直接从你要解决的头号问题出发推导独特卖点。如果这个问题确实值得解决，那你就已经成功大半了。

很多营销人员都喜欢针对“普通人”来做设计，希望能得到主流受众的青睐。为了做到这一点，他们会把整个设计做得平庸不堪。你的产品现在还不适合主流人群，现阶段的首要任务应该是找出那些可能成为早期接纳者的人群，然后针对他们来做设计。你的设计传达的信息一定要有力、清晰且必须非常有针对性。

第三节 产品创新设计的设计策略

一、点对点设计原则

点对点原则是在客户需求的前提下，提供相对应的产品。以满足客户需求。

市场营销环境是决定企业营销活动的关键因素，企业必须动态地监测营销环境的发展变化并对企业的营销活动进行适应性调整。以市场竞争为基本出发点的产品创新设计是市场经济条件下的企业行为，是从市场到市场的全过程。企业究竟生产什么要以市场需求与企业优势的“交集”，以能否取得最大的预期投资回报率为最终选择标准。其关键在于正确确定目标市场的需要与愿望，并且比竞争者更有利、更有效地传递目标市场所期望满足的东西。当然，目标市场的需要与欲望并不只是现在的需求。将顾客的需求及时地反映到生产中去，以实现那种有效率的适应需求而进行生产，将传统的供应链转变为需求链，将生产型生产模式转变为市场导向型的生产模式。据有关调查显示，当一个公司能提供与消费者需求最接近的产品设计时，就能从为数不少的同类竞争中脱颖而出，也就是提升了相应的价值，同时他们也可以消费者索取相应的高价。许多公司不能根据消费市场的现实来知道产品设计活动。而为“平均”顾客而设计产品是产品市场化失败的主要原因。

1. 针对每一位消费者——在需要的时间为消费者提供需要的产品；

2. 针对消费者的特点——设计制造符合消费者的产品；

3. 只为某一特定群体的消费者——不试图去提供过多或是过少的服务，提供的正是消费者所需要的。

在执行“点对点设计原则”的过程中，我们要注意处理好群体与个性、统一与多样性的关系问题，不要误认为同所谓的“点对点设计原则”就是为个别人设计，我们之所以提出“点对点”的概念就是希望设计师能明确所设计产品的市场定位、明确目标人群，并实现产品的差异化设计。要知道优秀的设计是为大多数人服务的，而不是仅仅针对精英。

二、需求的权重的设计原则

前面我们替代客户需求，在针对目标消费群体设计产品时，我们要面对众多的消费者、各异的消费群体，作为设计师我们就需要考虑以下几点：

1. 生产和消费活动的联系性，决定了各种市场需求之间的联系性；
2. 有效区分各种中间需求与终极需求；
3. 充分考虑市场需求的层次性；
4. 充分考虑市场需求的多样性；
5. 充分考虑市场需求的发展性。

值得注意的是，在需求的权重的前提下，设计师还必须考虑竞争者因素。企业的产品研发部门要根据竞争对手研发能力避开或者是选者自己的市场。

三、重视产品的细节设计原则

产品细节设计优秀，很大程度上决定了产品的市场和产品的产值。要防止别人山寨你的产品，就要把握好用户的心理和体验，认真的设计好产品的细节，那么即使别人山寨你的产品，做好你的功能，但是你的细节，你的灵魂，是不那么容易的被人偷走的。例如工业产品的细节设计是提升产品价值的重要手段，也是创新设计的重要内容。

随着人们消费水平的不断提高，对产品的外形的要求必然越来越高，而产品细节设计是产品外形设计的重要方面，包含了产品语意、心理学、生理学等的重要内容，这也是产品细节设计之所以重要的原因。“一沙一世界，一树一菩提”，生活的本质就是细小事件的集合体，如果我们将产品所涉及的技术、功能、结构、造型等归于有序，那么决定成败的必是微若沙砾的细节，以细节设计作为产品创新设计的手段是提升产品竞争力的重要方面。产品的细节设计不但是提高工业产品性能的重要的技术手段，表现在细节方面上的产品创新设计能使产品的外观更加的丰满，层次更加的丰富，在视觉上更具冲击力，同时也能很好地帮助产品功能的实现。

产品的外形是指产品的大小，外在结构，颜色、图案，造型等方面的综合表现，它是产品质量的一个有机组成部分，也是同行之间进行市场竞争的一种手段。虽然消费者对此相当看重，但是只有外形的变化，没有产品性能的提高，等消费者的新奇感一过产品可能就被冷落，另外，外形方面的因素往往比较容易假冒，但是对于技术已趋成熟的产品而言，用外形因素建立自己的品牌却不失为一个好办法。乍看之下这似乎是一对矛盾，其实不然。外形的抄袭往往只停留在表象的层面上，或者说我们的竞争对手模仿的只是形态本身，而不能洞悉形态下面的深层次的东西，那就是人机协调性，形态语意等技术因素，而显然没有这些技术的支撑所谓的良好的造型只是一个空洞的外壳，不能引起消费者最终的认同，张冠李戴的唯一结果就是使得产品在人机方面、在形态语意方面与消费者的要求相去甚远，又何谈竞争力。

四、品牌设计原则

品牌设计的目的是表现品牌形象，只有为公众所接受和认可，设计才是成功的，否则，即便天花乱坠也没有意义。以市场为导向，建立知识产权战略，加强产品的品牌建设，提升企业竞争力是产品创新设计之品牌战略的主要内容。

目前，我国的许多企业都已从产品经营阶段步入到品牌经营的阶段，产品的创新设计如何能更好地为我国企业的品牌之路保驾护航在这里显得尤为重要。企业作为市场系统中的一个单元，与市场有着密切的联系，企业只有在市场竞争中保持合理投入产出关系，才能求得生存和发展。市场是企业生产经营活动成功与失败的评判者。

因此，企业必须具有强烈的市场意识，要认识市场、适应市场，以市场为导向开展生产经营活动。科学技术是第一生产力。以市场为导向，建立知识产权战略上午基于市场导向的产品设计理论的重要一环。知识产权战略是企业品牌战略的关键环节，科技于经济的高速发展使得产品的品牌价值日益突出。以市场为导向，结合需求、技术、文化等泛市场因素，同时针对竞争对手的相关产品，建立知识产权战略是产品设计的重要发展方向，也是实现品牌战略的前提和基础。

五、“三点一线以人为本”的产品创新设计策略

（一）传统产品创新开发模式

当前，产品创新设计作为人类生产生活一项重要活动，是提高产品附加值和市场竞争力的重要手段，是人类健康和谐的生活方式的创建，以及文化与情感表达的载体。随着社会经济的发展和科学技术的进步，人们的生活水平不断提高，人们为了提高自己的生活品味，更加注重产品的“个性化”表达。个性化的需求必然促使产品的设计制造由大批量向较小批量、多样化发展，从而要求产品研发与设计更加灵活、设计周期更短。我们从传统的产品创新开发模式中，从理性的宏观的角度去分析，会很清楚的看到其与现代设计个性化需求脚步的之间的差距，同时也会给我们一些启发。

在传统的产品创新开发模式中，设计者运用自我的设计经验和市场感受，通过所设计的作品尽情展示自己完美的造型才能和个性，或充分表现所拥有的技术实力，而忽略了用户是否真正需要这样的形式或这样的功能；工程人员只希望尽可能简单快捷的将所设计的产品生产出来，在工程技术达不到要求时，往往可能修改甚至放弃设计意图；市场人员无法充分理解并表达产品的设计理念，自然就无法深入传达产品的“好用”性，无法让消费者信服。

（二）“三点一线，以人为本”的策略

所谓“三点一线，以人为本”的产品创新设计策略，就是在整个产品设计的研发与设计过程中，坚持“以人为本”这条主线，同时保持市场、设计与工程目标的平衡与协调，求同存异，各尽所能地设计人类和谐健康的生活方式，共同为生产满足人类不断发展的个性化需求的产品服务。

任何产品的存在都是以需求为目的的，产品的设计、研究如果脱离了人的需求，不仅无法在市场上分一杯羹，而且没有任何存在的价值。市场是产品开发成功与否一个最直接的显示器。产品创新设计以人为本在市场调研阶段就是发现人们“想要用”的需求，即产品是否值得开发，以及开发的诉求点。产品创新设计必须通过对生活的观察和市场的调研，来预测人们对产品创新的期望值，发现市场变化趋势，从而确定产品创新设计的所应该具有的品质，以及针对的文化群体，从而确定产品创新设计的方向和目标。在市场推广阶段就是运用成熟的销售理念和销售技巧明确的表达设计意图，清晰的传达产品功能，让人们在购买过程中及时发现自己“想要用”的产品，在产品使用过程中强化美感体验。

设计就是为了构想和实现某种具有实际效用的新事物而进行的探究活动，这是一个由目标指引的过程，该过程的目的就是要创造某种新东西。要想抓住设计活动的本质，还必须在人类认识和实践的大背景下来考虑设计活动。从它产生之日起，就是为了发现和满足人们的物质精神等方面的需要。设计师通过市场调研的结果以及源自生活的灵感感悟，从使用者、使用环境、使用方式、生理、心理因素等方面进行整体考虑，赋予产品以理想的材料，从外观造型美学和人机工程等方面开发产品的外观造型和产品的使用功能构想。以人为本的设计是把人对工业品的多元需求，特别是人的精神与文化需求提升到一个空前的高度，使在以技术为主体的产品化设计中已经遗忘的人的尊严、个性与情感需求，重新成为人的创造活动的重要尺度。

产品设计的最终目标是为生活、为人的设计，因此，现在的市场已经毫无疑问的是买方市场。对于一个以人为本的产品创新设计来说，使用者能想到的，设计师都应该提前想到。通俗地讲，让使用者觉得“有用”“可用”“想要用”，用着放心，看着顺心，带着省心，就是人性化设计的目标。

（三）产品创新设计的求同存异

求同存异策略实际上是指标准化与多样化策略。在开发新产品中，为提高生产经济性而强调标准化，为满足更多顾客需要而发展多样化。在实践中应当两者兼顾，有机结合。产品创新开发设计的使命不仅在于重视和协调市场需求、设计、工程的关系，而在于将以人为本的理念贯穿到产品开发的整个过程中，努力通过各个环节之间的融洽与和谐来提高人类生活和工作的质量，设计人类的生活方式。

用社会学家的话说：设计要以人为本，创造和引导健康、文明的生活方式。把设计从单纯的造物行为提升到心灵交流的高度，设计只有真正从人的需求出发，才能从本质上赢得心灵的共鸣，进而实现设计价值的最大化。

第四节 设计的社会属性

一、设计艺术的社会文化属性和传播路径

设计艺术是实用艺术，它以艺术为设计的要求和要素。在人造物系统中，广泛的涉及人的衣、食、住、行、用的各个方面，是人造物系统的重要组成部分。它以艺术的表现方式使不同的设计品类呈现不同的艺术形态。其本质是实用与审美的结合。具有物质和非物质两个层面，在物质层面，它是人造物的艺术方式，它创建了艺术质的人造物系统。在非物质层面上，它同样采用艺术设计方式，对事物进行筹划、安排。如社会发展规划、城市发展规划等。

（一）设计艺术的社会文化属性

设计观念是人类进行设计活动的指导思想和整体认识，并随着社会的发展不断进步。人类的认知范围是随着社会发展、科技进步不断扩展和深化的，人们对设计活动的认识也如此，受到社会发展和社会文化的制约。人类社会具有群体活动特性，但同时人类的进步又不断彰显个体的相对自由与独立。在论及设计艺术的社会文化属性时，不能无视人类社会这种群体性和个体性相互并存的特点。

人类早期的设计与艺术活动是融为一体的，只是随着社会分工的越来越细，各行业的专业性越来越强，才使得艺术从实际技术中分离出来，艺术的观念也发生了变化。从某种意义上说，设计是一种特殊的艺术，设计的创作过程是遵循实用化求美法则的艺术创造过程。这种实用化的求美不是“装饰”“美化”，而是以专用的设计语言进行创造。是商品就需要流通，要流通就需要包装，要包装就涉及设计，这说明设计之于生活的紧密关系。人类社会生活的个体空间还在于其功能上抵御风寒的居室和基本的服装需求等。这些应该说都是最基本的生活需求，在这个需求层面上设计的作为和发挥空间不大。在温饱和生存问题解决之后，个体空间的提升需求，则为设计艺术留下了无限发展的空间。可以说经济的发展带动了消费，消费促成了设计的提升，设计反过来又会促进更加多的消费。设计艺术服务于独立个体的市场空间无限，个体需求具有旺盛的潜力。在这块市场上，已经不再是简单的设计满足市场需求，而是设计推动和引领市场消费。在服饰服装箱包配饰、日用家居设施设备、家居装饰装修、移动通讯方式、交通出行等方面，伴随社会发展，文化变迁和流行元素的更迭，设计艺术的社会文化属性会更加凸显。

从古到今，设计对美的不断追求决定了设计中必然的艺术含量。当前，需要注意到的一个重要市场变化，就是随着个性化需求的不断增长，随着第三产业规模的不断扩大，加之信息科技发展的有力支持，规模化、批量化的市场形态正在动摇和改变，小量化、专属化、精品化正成为市场的一股新潮流。理论上任何商品都有可能成为一件世界唯一品，这将大大提高商品的艺术品性，最大限度地满足消费者的个性需求。这种发展可能导致设计艺术公共属性的模糊，导致商品的独占性升高，世界从此将变得更加丰富多彩。

（二）设计艺术传播体系的理论构成

传播学是研究人类一切传播行为和传播过程发生、发展的规律以及传播与人和社会的关系的学问，是研究社会信息系统及其运行规律的科学。传播学研究的重点是人与人之间信息传播过程、手段、媒介；传递速度与效度，目的与控制，也包括如何凭借传播的作用而建立一定的关系。简言之，传播学是研究人类如何运用符号进行社会信息交流的学科。任何信息都需要传播才有其存在价值，而古往今来，文化艺术的传播都要借助于一定的媒体，视觉艺术发展史更清晰地凸显出，传播媒体变化的轨迹昭示着艺术发展的历史进程，甚至决定了艺术的历史面目。因此，以现代传播学的视角来审视和研究设计艺术，是理论建构的需要，根据信源、信道和信宿这三个信息传播的环节要素，结合设计艺术的特征和传播实现方式，在理论体系构建上首先要研究设计艺术本体的结构特质、类别特征和美学特征，即将设计艺术本体作为传播信源的研究对象。设计艺术传播实现途径研究的基本思路，即设计艺术传播体系研究在理论建构和方法论证的同时，可以设计拟定几个有代表性的公共设计艺术产品为研究对象，对于它们的公共面貌状态、现实表现以及社会影响进行调查分析和评估，这是相关研究的实践论基础，同时也可以为理论研究提供数据支持，使设计艺术传播研究理论化、体系化。

目前设计创新艺术种类繁多、方法手段无数，尤其是在当今的网络电子信息媒体时代，其复杂程度更是难以想象。依据一定的原则，运用适合的方法将设计艺术进行归类，以研究解决设计艺术消费的实现途径、流通介质和流通渠道方式，在理论上廓清设计艺术传播的信道基础。作为一种为公众提供服务的消费性服务，设计艺术的消费者即目标受众是传播的最终目标，也是传播流程的重要环节和设计艺术传播实现的关键所在。“有多少个读者就有多少个哈姆雷特”，而有多少个消费者就有多少个设计需求。作为服务，设计艺术面对消费者评判时，一种新的设计方案可能随时出现，一种新的设计思想可能就在生产消费互动中产生。因此，对于传播信宿对象的研究，是设计艺术传播体系理论建构的结构性一环。

二、设计艺术的公共属性

公共领域是近年来来英语国家学术界常用的概念之一。这种具有开放、公开特质的、由公众自由参与和认同的公共性空间称为公共空间，而公共艺术所指的正是这种公共开放空间中的艺术创作与相应的环境设计。人类的公共环境是一个社会群体部落为形象的活动舞台，是一个与地貌、人种、文脉、生态有着千丝万缕联系的人的生存环境。从艺术的角度来考虑和对待公共环境，是人类优化生存状态、优化自身境况的一个重要方面。回溯社会历史的发展，我们可以读到这样一部关于环境艺术和公共艺术的发展历程。

设计艺术公共属性的内涵，首先是聚焦设计对象的功能和实用性；其次是在满足大众主张的同时兼顾少数个性需求；再次是设计当随时代，要抛弃持盈守成的思想；并以包容态度面对管理挑战；而研究消费人群的结构特征、族群消费心理及其集体行为范式是设计艺术公共特性的必然要求。

人类的公共环境是一个社会群体部落为形象的活动舞台，是一个与地貌、人种、文脉、生态有着千丝万缕联系的人类生存环境。从艺术的角度来考虑和对待公共环境，是人类优化生存状态、优化自身境况的一个重要方面。回溯社会历史的发展，我们可以读到这样一部关于环境艺术和公共艺术的发展历程。所谓艺术的公共性，从字面上理解即艺术的外在性、共享性、公众性；所谓艺术的独占性，可以理解为艺术品的局域性、独享性、小众性。放眼艺术，我们不难发现纯艺术和实用艺术都有某种程度的公共性和独占性，其公共性和独占性的判断，主要是看艺术品性得以实现的途径。一般而言，纯艺术的公共性要小于独占性，实用艺术的公共性要大大高于独占性，这是因为，纯艺术的实现不以人们的日常生活消费为必要条件，人们是“知温饱”后而思之；而实用艺术的实现则与人们的日常生活息息相关，它是生活的组成部分。

公共艺术之所以被称为公共艺术，是因为它首先存在于公共空间当中，即它在空间上必须以一种公共方式存在，即使一件被雕塑家用于公共场所的雕塑作品，如果它在创作完成之前只是被放置在私人的空间当中，那么它也只是一件私人艺术品，而不能成为公共艺术。在理论上阐释和理清设计艺术的公共特性，为学科研究的延展提供理论依据与观点支持；而对于设计艺术与其他相关交叉学科的体系理论构成研究则将提高学科学术认知度，充实学科理论的结构内涵，丰富学科理论研究的方法途径，对于设计艺术学科具有理论创新的意义。实践需要理论，尤其需要与时俱进的创新性理论为指导。明确设计艺术的公共特性对于实践的意义一方面在于对设计艺术公共性特征的定性研究，为设计艺术的实践提供目标用户的清晰定位，使设计工作者清醒地意识到设计艺术与纯艺术的本质区别，从而提高设计的目标质量和执行效度；另一方面在于设计艺术传播本体、传播渠道和传播目的流程特质及其相互关系的系统理论研究，可以指导设计实践者有意识、有目的、有针对性的设计行为，使人们自觉地意识到设计艺术传播实现过程中，在面对不同阶段、不同时空、不同对象所应采取的不同方法，从而提高设计艺术的社会功效、文化品位和传播质量。

公共空间的最大特征是开放性，即公共空间艺术活动场所的开放性以及由此产生的对场所公众的开放性。它对处于此空间当中的所有观众都具有开放性，公众可以与之交流，提出意见和建议。从一定意义上说，公共艺术的开放性在于它所处空间的开放性，要求一旦公众对其提出建议和意见，公共艺术的管理机构和制作机构就能够以此对公共艺术作品加以评估和修正。公共艺术是一种特殊的社会审美，它的标准必须处于被解读与修正当中。

公共艺术是多样介质构成的艺术性景观、设施及其他公开展示的艺术形式，它有别于一般私人领域的、非公开性质的、少数人或个别团体的非公益性质的艺术形态。公共艺术中的“公共”所针对的是生活中人和人赖以生存的大环境，包括自然生态环境和人文社会环境。从更广义的角度上，可以将人类社会理解为自然生态系统中的一个镶嵌体。

客观上，公共艺术是现代城市文化和城市生活形态的产物，也是城市文化和城市生活理想与激情的一种集中反映。城市文化是在城市母体的孕育下生长出来的文化形态。文化是指人类摆脱了纯粹自然属性及其状态的束缚而在后天的演化中所获得的认识和共同遵循的行为方式（它在特定的地域和条件下呈现出自身内部的认同性以及与其他类别间的差异性），即文化呈现为一种复杂的综合体。它包括了一个区域或民族在长期生存和发展过程中形成的知识、信仰、风俗、宗教、艺术、法律、道德、禁忌和对物质世界及造物技术的体认等内涵，也包括人们自身在社会运行中所获得的一切经验、能力和约定俗成的习惯，是人类创造的所有物质成果和精神成果的总和。公共艺术也隶属于这种概说的文化大范畴之内，是人类文化中一个有机组成部分，其公共性和自身的城市文化属性决定了它必然受到特定的社会文化及思维模式的影响。

早期的文化是在人类逐渐摆脱纯粹自然属性及其状态束缚的演进过程中产生的。人类在同自然环境的斗争与妥协中逐渐积累经验，并通过原始的社会交流与实践检验形成生态文化经验，在历经长时间社会活动与历史积淀后逐步孕育出特定的文化。任何一种文化都会为该文化圈内的个体提供一种处理人与人、人与自然关系的认知模式和行为模式。在这个层面上，文化本身可以理解为人类对特定环境的适应方式。作为具有创造性思维的人不可避免地会受到所在国家、社会、民族的特殊文化观念、思维定式的影响：比如北非人与阿拉伯人最喜爱的绿色经常出现在他们的国旗上；澳洲土著天文学家用这片大陆上特有的动物来命名天上的星座，如袋鼠、美冠鹦鹉……像希腊神话一样，他们也有本民族的关于夜空的美丽传说。这些文化观念、思维定式则衍生于其所处的特定自然生态环境：如北非人与阿拉伯人长期生活在干旱荒芜的土地上，植物的绿色就代表了生命与生机。澳洲大陆位于南半球，不同的地理位置导致了不同的视角，加之与世隔绝的演化所造就的特殊物种，猎户座在他们的文化中便表现为一只鹂鹋形象，和北半球认同的猎人形象大相径庭。阿纳姆地的南十字座表现为一尾黄貂鱼，银河是一条游鱼和花草的河流，麦哲伦星云呈现为两个火堆边的老人，太阳是被扔到天上的鸟蛋等。人所生存的特定自然环境积淀了特定的文化生态经验，从而对该文化圈内的个体思维模式、价值观造成影响。

这种影响渗透到社会生活的每个层面，在长期生存和发展过程中，通过个体与个体、个体与群体、群体与群体之间的互动逐渐衍生出特定的社会文化。在人类早期社会，由于生产力和生存环境所限，自然生态文化经验对于原始的社会文化是呈显性和支配性的，甚至是神性化的。

设计艺术是为满足人们日益增长的物质及精神需求服务的，设计艺术的时代性研究不可缺失。套用清代艺术巨匠石涛的名言“笔墨当随时代”，提设计当随时代是完全适合和恰当的。设计当随时代不是简单的理念和口号，而是一个又一个具体的设计行为。科技水平的日新月异、设计手段的不断更新、施工材料的升级换代、社会环境的不断变迁，使得设计艺术面对着一个从物质形态到观念意识持续处于变化过程中的客观世界，面对着这样一个世界，任何不思进取、持盈守成的思想都是不合时宜的。

第五节　设计的文化本质与哲学原理

一、传统文化与产品创新设计的融合

中国传统文化历史悠久，“自强不息”“厚德载物”是中国传统文化的基本精神，而代表传统文化精神与内涵的各种艺术形式也丰富多彩，它们即是所谓的“传统文化元素”。当今社会繁华的背后是文化内涵的严重缺失，急待发展有中国特色的设计。通过将传统文化融入现代产品的创新设计，使设计与文化相交融，以产品创新促传统文化的复兴，以传统文化的传承与引入促进中国企业现代设计的可持续性发展，从而实现中国传统文化复兴与企业产品创新设计的双赢。

（一）在产品创新设计中融入传统文化

美国著名设计大师乔治？亚罗认为，“设计的内涵就是文化。”在产品创新设计中融入传统文化特征并不意味着直接套用的拿来主义，而是可以从形式技艺、功能结构和精神思想等方面出发，实现产品的市场化、亲民化和时尚化，使其更具有民族特色和时代内涵。此举不但赋予传统文化以新生，振兴与活化文化产业，

也能够有效地帮助企业在日益复杂的市场环境中，通过产品创新实现对市场的差异化竞争。

学设计，首先要认识设计与艺术不同，艺术表达个人的观点和想法，可以不用迎合市场的需求，而设计是不能凭感觉做的，要考虑各种因素，要寻找最佳的表达方法，要把自己的感觉翻译成大众能够理解的有效视觉语言。现代社会，人们对于产品的需求早已远远高于对产品本身造型、材质等的需要，开始对功能、创新、经济、环保等多个维度提出要求，呈现出多样化的趋势。只有当产品服务于生活，当产品的实用性与审美性达到和谐统一，体现出深刻的人文关怀时，才能够为用户所用，更为亲民，更为贴合民众生活。比如绣花鞋不仅要求形式上的美观，更要穿着舒适，满足用户的使用需求。在当前市场经济条件下，对传统文化的传承只有不断与人们的生活相贴近，使产品更具实用价值，才更有可能得到社会和市场的认可，具有竞争优势。中国传统文化中从功能结构的角度出发，完成产品设计转型的一个较为成功的案例是榫卯结构。榫卯是中国古代建筑、家具及其他器械的主要结构方式，是在两个构件上采用凹凸部位相结合的一种连接方式，其风格特征独特、工艺巧妙、结构稳定、易于更换运输。当代产品，特别是在建筑、木制家具、玩具等领域对榫卯结构的借用，并非仅仅对形式的借鉴，而是巧妙运用榫卯构件可拆合的特色，打造出很多可拆卸可拼装可变形的置物架、玩具等等，在满足形态需求的前提下，从功能和结构的角度再现传统工艺，借此传承中国文化。

传统文化在形象特征方面有着极强的艺术性和表现力，产品的创新设计更是应该在造型、工艺等方面符合用户对产品造型语意的认知，满足人们对于形式美感的需求。我国当前产品设计中常会被冠以中国传统风格的符号特征，主要从造型（如太极、旗袍、瓷器等），图案（如青花、脸谱、卷云纹等），材质（如竹木、玉石、丝绸等），色彩（如红色、金色、青色等）等维度出发，比如将水杯设计成葫芦的样子，在服装上印染水墨画的图案，用竹材制作笔记本电脑……这些文化特色产品以工艺品、旅游纪念品等居多。这些方式实现起来较为灵活容易，能够赋予产品一定的文化韵味和历史认同感，但也很容易浮于表面华而不实，缺乏深度和内涵。

中华民族历经上下五千年，其文化从未中断，相对于埃及、希腊等国，中华文化具有一脉相承，绵延不断的特点，而相对于欧美诸国，中华文化又有着明显的独立性，了解历史的人都知道，欧洲各国的历史几乎都是相互交叉的。而拥有数千年文化的中国，因其地理环境的优势和民族的凝聚力，鲜有被外族文化影响的时候，即使曾经被迫打开了国门，但从文化角度来说，中华文化却也未被外来文化所侵蚀，依然能够保持其完整性和相对独立性，这足以可见中华文化的顽强生命力。当前市场上产品同质化严重，究其原因在于产品缺少相应的文化生机，缺乏精神涵养。大众的消费观念正逐渐从物质享受转向精神饱足，这要求设计师追溯文化本源，关注传统文化中深层次的精神底蕴，提炼有价值的文化要素和民族思想（如“天人合一”“文质彬彬”等），摒弃不符合现代人需求的文化特质，关注产品给予用户的精神体验，努力为用户带来愉悦美好的使用享受，从而为企业塑造良好深入的产品和品牌形象。产品不应只是纯粹的工具，它承载人们的情感寄托，满足人们的情感期待，并能够引起大众的认同、共鸣与青睐。当产品能够使人产生情感的变化，甚至影响人们的喜怒哀乐时，便成为一种有生命感的物质载体。北京洛可可设计公司塑造的品牌“上上”，从“上上签”到“上山虎”，融合了现代设计创意及精湛的制作工艺，蕴含着对于中国传统文化的深刻理解，展示出独具禅意的中国式设计，为我们塑造了一个优秀而深刻的复兴和活化中国传统文化的产品设计典范。形式技艺、功能结构和精神思想三个层面的创新设计是层层深入并互为支持、互为补充的，在现代产品设计过程中，应避免单纯注重产品的表面形式，而更应使产品具有一定的实用功能，在满足形式技艺、功能结构等维度的基础上，注重挖掘时代特征，着重对文化要素进行打散和重构，提炼文化中的精髓并赋予产品以华夏文明的深刻内涵。从精神层面对设计加以扩充与完善，使其以更为内敛、合理的方式体现在产品中，才有可能打造出一流的设计作品，并将有助于企业生成产品的差异化优势，更好地立足于当前市场环境，更能得到社会和市场的认可。

我国是个历史悠久的文化大国，各民族不同种类的精湛的艺术作品蜚声世界，前辈们为我们遗留下了丰富的艺术财富，为我们学习设计提供了宝贵的素材，而且为我们的设计确定了正确的观念，这是传统艺术文化带给我们的巨大帮助。

（二）在文化传承中融入现代设计理念

中国传统文化体现了劳动人民的智慧和情感，蕴含了丰富的文化内涵，是中华民族的瑰宝，却因为落后的艺术形式和受限的传播方式没有得到有效的保护和传承，若是不吸收现代设计理念的精髓，一味固执地走自己的传统路线，势必会被历史所淘汰，可是一味崇尚现代西式设计，又必将丧失民族的个性，这要求我们要注重传统与现代的有机结合，用一种创新式的、吸收式的过程，在保留传统文化底蕴的基础上，融合国际化和时代性的风格。比如我们做一个女士绒线防寒帽的电视广告，不妨采用耳枕这一形象，设计出三个连续的镜头：“小时候是妈妈用一针一线缝制的耳枕，让我有了一双漂亮的耳朵”；“长大后，恋人为我带上钻石耳环”；“天冷了，绒线防寒帽为我的双耳带来了贴心的温暖”。这样一组意象的造型组合，无疑会给女士绒线防寒帽，注入浓浓的人情味，母爱、情爱、关爱有机交融，给人以无尽的温暖。

将传统符号用作装饰元素使产品符合现代审美中国传统文化的传承应该在保留精神内涵的基础上，尝试改变创作的形式和表现手法，从现代设计理念中吸收和融合国际化的风格和时代性的特质，以便更好地打开国门，走向世界，引领时尚潮流。比如丹麦设计师汉斯？瓦格纳设计的圈椅，虽然是受中国明式圈椅的启发，但提炼出圈椅饱满圆润的特点及形神兼具的特色，摒弃掉椅背上繁复雕刻的云纹装饰而以简洁大方的椭圆形设计取而代之，在保留座椅古朴典雅、比例协调的造型特点的基础上，使其线条简洁流畅，灵活生动，为大众所喜爱，究其原因，正是其产品造型更符合现代人的审美意趣，更符合现代商业市场对设计艺术的要求，才能创造出更大的经济价值。

真正的传统是不断前进的产物，它的本质是运动的，而非静止，传统文化应该推进人们的不断进步。提升产品科技含量科学技术的高速发展和信息化的管理手段是当代社会的标志，也是一种宝贵的资源，这些资源通过设计的合理加工和综合应用，成为能够被市场需求的新商品，而为广大消费者所接受和使用。通过引导企业在产品制造生产过程中采用先进的科技工艺实现技术创新，或在产品中融入高科技元素（如电脑远程控制等），能够有效提升产品的科技含量，使产品更为现代更为前沿更容易为用户所接受和喜爱。

适时彰显传统的文化精神。我国传统文化强调含蓄、曲折与隐晦，倡导“象外之象”、“韵外之致”的美好境界。例如，中国园林艺术提倡“露则浅”，而“藏则深”。园林设计中，习惯采用“欲显而隐”“欲露而藏”的设计手法，将精彩的建筑景观或空间隐藏在幽深地带或山石林梢间，营造出一种若隐若现、似有似无的意境；而避免开门见山、一览无余。上述含蓄的表现手法，我们在室内设计中也可适用。另外，应突出传统室内空间内诗文书画的应用。例如，室内该如何悬挂楹联、书画或匾额等，这些都需要设计师去认真推敲，在正确表达主题和渲染气氛的同时，营造出含蓄、书卷气的文化境界。我国设计起步时间较晚，设计理论方面相对薄弱，设计作品仍停留在模仿外国设计的浅层面上。为此，我们应充分意识到挖掘中国文化内质及精神的重要性。不管社会怎样发展，国家对文化的重视程度只会越来越高，在设计中融入文化烙印有助于人们获取强烈的归属感。

二、设计艺术哲学

设计艺术的创作实践，离不开设计艺术哲学原理的统辖与导引。只有掌握了这种用来反思与总结设计规律的理论形态，才能在设计中获得正确观察世界并使世界结构化的科学方法。

对设计艺术，目前通行的有两种解释，一种是对“艺术与设计”的简称或模糊化思维，省略了其中的“and”，这种方式比较概括，对于艺术和设计的关系表达也不明确。另一种则是在中国特定阶段，设计教育者们对设计的“国情化”解释。所谓“国情化”解释，主要是针对人们印象中“工艺美术”的概念而言。在对“设计”的定义缺乏理解的情况下，进行加注“艺术”二字，使人们更容易接受这一概念。从更深层次来看，这一概念反映了中国一批工艺美术界的先驱学者们对设计的认识。泊来的“设计”一词，过去被有些学者认为不过是“现代工艺美术”，这一观点随着时间的推移产生了变化。

人类历史的实践表明，一些全新的思潮往往从哲学领域开始，然后逐渐影响蔓延到其他领域如文学、设计艺术等，因此认识和把握设计艺术的基本哲学思维和辩证关系，有益于我们对当前的设计实践和设计思想的探索。现在人们已经认同设计艺术学是一门多学科交叉的、实用性的艺术学科，其内涵是按照文化艺术与科学技术相结合的规律，创造人类生活的物质产品和精神产品的一门学科。一般说来，在自然经济体制下，手工艺制品的设计属于工艺美术设计范畴；现代工业社会批量化、标准化生产的产品设计属于设计艺术范畴，一部分传统工艺美术与现代观念和生产结合，并在保留手工艺特征的基础上产生新的艺术形态，也属于设计艺术的范畴。设计艺术涉及的范围宽广，内容丰富，是实用功能与审美意识的统一，是现代社会物质生活和精神生活必不可少的组成部分，直接和衣、食、住、行、用等各方面密切相关，在一定程度上影响和改变着人们的生活方式和生活质量。设计艺术学包涵了设计艺术历史与理论、染织设计艺术、服装设计艺术、陶瓷设计艺术、平面设计、环境设计艺术、工业设计艺术，装饰设计艺术、设计艺术教育和设计艺术管理等多个领域。

（一）哲学对设计艺术具有指导意义

艺术设计是一门艺术学科，同时艺术设计也是一门综合性极强的学科，它涉及到社会、文化、经济、市场、科技等诸多方面的因素，其审美标准也随着这诸多因素的变化而改变。所以，艺术设计是具体科学，具体科学是哲学的基础，具体科学的进步推动着哲学的发展。哲学为具体科学提供世界观和方法论的指导，科学研究应该以科学的世界观和方法论为指导。从文化形态学的角度，可将文化视为一个包含内核与若干外缘的整体，由外至内分为物态文化层、制度文化层、行为文化层和心态文化层。由人类创造的物质实体构成了物态文化层；由人类在社会实践中形成的社会规范构成了制度文化层；行为文化层则包括了约定俗成的习惯，以民风民俗的形式存在；而价值观、思维方式与审美观等主体因素构成的心态文化层却是整个文化的核心。这里可以看到，设计艺术的成果显然处于物态文化层，其表现的形式完全取决于内核；而哲学的特征在于追问本质，不断反思，在这个文化的核心领域占有其一席之地，所以指导设计艺术的实践，成为设计实践的理论先导。

人类设计艺术的历史上，比如远古人就知道用兽骨做饰品，这就说明人是爱美的，就有了审美观，随着审美观的不同提高，艺术水平也就跟着有很大提升。创造物质实体的过程始终都受到哲学思想的指导，可以说不同文明的巨大表现差异正是不同哲学观外化的产物。古埃及文明注重“来生”和中国传统社会关注现世的哲学观，成就了对比鲜明的设计造物。设计艺术在学科化的今天，指导设计的哲学体系的重要作用更突出。哲学的思维方法就是透过现象看本质，从而主动地把握事物的变化规律。作为设计师而言，应该明确这一理念并自觉实行之。从而坚持正确的理论指导，抓住纷繁问题的本质，找到适合的设计表现形式。

（二）中外传统设计艺术哲学观的启示

人类对外部世界的认识，最初是通过原始的歌舞、祭祀等艺术活动表达的，哲学思想与设计艺术作品的创作，互为表里，彼此依存。从中国传统中寻求设计灵感、吸取设计养分，是中外艺术设计大师们成功的经验，对大师们经典设计作品的解读与研究，也会给我们的设计带来多方面的启示。中国的现代艺术设计，要想从包括中国民间美术在内的中国文化中获得教益，就应当像庖丁研究牛一样研究中国文化，并将其解构，从观念、方法、内容等方面，提取出民族特色鲜明的有益元素，再把它们融入到现代艺术设计之中，这也将是有中国特色的现代艺术设计产生的必由之路。

1. 中国传统设计艺术中的哲学观

中国传统哲学思想对设计艺术的发展起着一定的指导作用。儒家、道家朴素的哲学观在中国建筑设计、园林设计、平面设计等方面应用广泛，对中国传统设计艺术风格的形成和设计师的设计方向也产生了极大的影响。设计艺术的许多审美观点和艺术主张都是以传统哲学思想为指导的，体现了中国设计风格的精神和面貌，尤其是道家的辩证思想对设计艺术的影响更不可小觑。中国哲学对外部客观世界的把握，质朴而富有诗性直觉，浸透着主体生命意识。中国古代的哲人，往往本身就是诗人、艺术家，因而诗性的中国哲学物化出的中国艺术是高妙的。中国传统设计艺术归纳起来，可以说是一个以致力于表现世俗和人情为核心的广阔世界。

像中国的八卦图、书法、壁画、瓦当、皮影，这些都是生命力最强的中国传统美的元素，其“形、色、神、意”无不延续着中华民族的文化精髓，成为现代设计取之不尽的源泉。中国的传统哲学始终强调人的主动性及人对自然的主动作用，最典型的莫过于天人合一：认定人与自然的浑然一体，人生态度是重心在内。它强调人与自然的和谐共处，主要表现为：一是对以山川日月为代表的大自然的亲近；一是对天然无我的人格与审美境界的追寻。前者强调人与自然之间关系的平衡；后者则是人与人之间关系的平衡与个人内心的平衡。与诸多古典诗词文赋一样，设计艺术的作品也同样诠释着这种哲学理念。独特的哲学体系创造并影响着中国几千年的建筑设计制式以及室内外装饰、布局等诸多方面，处处都体现着中国传统哲学——儒、道、释三大思想体系的理论精髓，形成了浓郁的东方设计文化特色。又如以长信宫灯为代表的汉代铜灯设计，不仅具有置上卸下使用方便的巧妙构思，还具有对环境保护的功能。导烟管的设计使得当时的燃油灯不至于影响室内外空气。经由古代这些经典的设计艺术作品，我们可以窥视古人的内心世界及其对于天人关系的定位。

中国艺术高度的表现性、抽象性和写意性，来源于它同哲学的自觉联系。通过中国哲学来研究中国艺术，通过中国艺术所表现的哲学精神来理解它的形式。它追求人与人、人与社会的统一。追求人与自然、即“人道”与“天道”的统一。这种统一，作为艺术表现的内容，也就是情感与理智的统一，即所谓“以理节情”。把“以理节情”作为音乐创作和一切艺术创作的一条原则，是中国古典美学的一个独到的地方。

2. 西方传统设计艺术中的哲学观

俗话说得好：“一方水土养一方人”，不同的地域养育了不同的民族，而不同的民族之间有着自己独特的文化，更是造就的了如今多元化的教育方式。西方哲学则是截然不同的另一个情形。在西方，人和自然是对立的关系，人生态度是向外寻求；在西方文化的原始意识中，征服自然外界的欲望是一种很强烈的本能。

西方的设计哲学是向大自然挑战，向人类极限挑战。建筑在西方的文化史中绝对是极其重要的现象，其设计哲学的直接体现就是西方突出的雄浑壮丽、各式宏大建筑，且以单体见长；这些建筑被创造出来的全过程，表现出西方人的精神目的和追求。从古希腊的人本主义到中世纪的宗教神学，从文艺复兴时期的人文主义到近代的科学主义、法兰克福学派、后现代主义等，西方每一次思想流派的流变都深深地影响着设计艺术的发展方向。

西方现代派艺术是象征主义、表现主义、超现实主义、意识流、未来主义、迷惘的一代，存在主义文艺、荒诞派、抽象派、立体派、未来派、达达派、等数量繁多的西方文艺流派的总称。其思想根源是各种现代主义的哲学思潮，与后现代为西方现代派艺术从美学思想到创作方法上提供了理论根据，对现代派艺术与后现代艺术的形成和发展产生了重大的影响。

西方现代派艺术在形式上大多标新立异，追求艺术形式和表现手法的创新，其中一些艺术技巧和手法具有借鉴意义，在一定程度上丰富了艺术的表现能力，扩大了艺术的表现空间，增加了艺术的表现手段。但是，现代派艺术常常一味追求形式的新奇，否定和排斥传统的艺术形式和表现手法，把一些艺术主张推向极端，使得作品怪诞离奇、隐晦费解、抽象混乱，有时达到了极端荒谬的程度。

从哲学与艺术的关系看，西方现代哲学成为现代派艺术的思想根源，现代派艺术又用艺术的方式宣传了西方现代哲学各流派的思想。有一定的西方现代哲学流派，就会有相应的西方现代艺术流派。

（三）设计哲学中的基本关系

设计和哲学都是思想的产物，是人类社会所特有而骄傲的。只不过设计可以由多人来完成，也是可以创新的；而哲学是有社会限制的，一个社会背景下只能有一种统一哲学。

因为他们是两种思想产物，所以，设计理念会有一定程度基于哲学，而设计的产物又会反促进新哲学的形成而达到社会的转型，这是一种辩证关系。

辨证关系是关系的一种，前者是后者那一范畴的。例如关系还包括因果关系、前后关系。关系可看作一种普遍的联系，而辨证关系可狭隘的理解为相互制约的一种联系。设计艺术来源于生活，其起源可追溯到人类制造第一件石器，虽然相当粗糙，却已经包涵了设计最初的萌芽。在极为简陋的石器上，出现了对称、均衡等形式美感的雏形，尽管这些外观还只是出于功用上的考虑。

随着人类文明程度的提高，形式感除源于功能为需要而作为附属价值之外，逐步独立出来，引发了纯粹艺术物品的产生：如装饰品等。进而满足人的精神性需求。关于实用与审美的辨证统一也可以理解为形式与功能的关系问题，亦或是哲学层面的对立与统一。对立统一规律是唯物辩证法的实质和核心，是矛盾同一性和斗争性辩证关系的原理及其方法论意义。矛盾是事物发展的动力，矛盾的普遍性和特殊性的辩证关系对设计艺术的发展同样有着现实的指导意义。

如果设计不能使感官愉悦，或者我们不去考虑这个问题，设计理论便失去了存在的意义。在文明史里，陶器的制作和设计可说是人类造物史上的一座丰碑。陶器的制造原则，首先是为了适应农耕生活的需要。为此，有了各种不同的钵、盆、碗、罐、瓶，彩陶还有着随品类赋予的美妙装饰，这些不同造型和装饰，与器皿的实用功能做到了和谐的统一。从哲学意义上讲，实用功能为第一性与审美的从属性特征，二者的辩证统一乃至同一，是造物以及设计所追求的根本理想和终极目的。在这里，我们看到了实用与审美之间的辩证关系，即设计哲学中的基本关系。

设计艺术是充满矛盾的自然界和人类社会的形象反映，对立统一的关系还有很多，如设计艺术的物质性和非物质性、商业价值和文化价值等等，都可以并入这个哲学体系。从人类造物的根本目的出发，注重造物的内在机能（实用）与外在美感（形态），创造出一个平衡、舒适、高度便利、科学的美的空间，是设计的根本原则和归宿，绝对的功能主义和形式主义都是不可取的。解决好设计哲学中的这一基本关系，有助于我们树立正确的设计思维与设计观念，踏踏实实做好设计的实践环节。

艺术设计与哲学的关系，在中国古典美学看来，是不言而喻的，最广义的艺术设计也就是最广义的哲学。今日社会之精彩，远超前人之想象。关于未来，人们充满期许。正所谓“仁者见仁，智者见智”。我们不能只从一个角度出发，武断的认定将来一定是如何如何。有一点毫无疑义，未来会是多种技术、多种生活方式，多种哲学观念并存的时代。反映在设计领域，便是设计理念和方法的多样化趋势。任何实践都需要理论准备甚至是先行，因为也许我们正陷入迷雾之中，不知人类自身究竟应该走向何方。其实只要我们撇开一些表象的、非本质的东西，一切便真相大白。在此用哲学的观点对设计艺术进行指导非常重要，这是每一个设计师所应采取的工作方法。

第六节 产品创意设计理念

一、人性化设计理念

设计不是图片的拼凑，而是一种视觉语言，在设计中，你可能需要将文字语言视觉话，也可能要将平面设计立体化，但这些都仅仅是设计的手段。对于设计人来说，最为重要的不是掌握什么样子的设计工具和手段，而是你有什么样的设计思维。铅笔和尺子是设计工具，电脑也是设计工具，但是不等于电脑先进就能做出比铅笔尺子更好的设计，因此在设计上有想法，有创造力，突破普通的思维方式去寻求设计表现的创造，就是设计创意。

创意设计除了具备了“初级设计”和“次设计”的因素外，更融入了“与众不同的设计理念——创意”，而企业理念又高于创意和先于创意，必须先明确企业的理念，设计师再制定设计创意，才能作出绝妙的设计。

人性化设计的理念不是由一场设计运动或一个设计团体提出的，它是人类在设计这个世界时一直追求的目标.因为人是一种富于幻想和情感的动物，所以希望他们的生活环境舒适，充满温情，设计可以帮助人们实现梦想，充满人性化的产品是让人难以抗拒的，而人性化的主要衡量标准就是关爱人类，关爱家园。

随着经济的飞速发展，温饱不再是人们需要担心的问题，而是更多地关注精神层面的满足。人性化的设计追求的不仅仅是能够满足人们对于产品基本功能的实用需求，如何满足用户个性化的情感需求才是最大的挑战。在小到人们的生活起居的产品到大到工业产品，无一不是从用户体验为中心的设计理念，人类使用的物品才能称之为产品，而产品的设计不从人性化的角度出发也就没有使用的价值。

（一）人性化设计理念在产品设计中的应用形式

在现代社会，由于科技的迅速发展，工业产品种类繁多，而工业设计也逐渐精细化、系统化，相关的产品设计方法与理念非常丰富。其中，人性化设计理念一直以来都是产品设计的核心内容。产品主要是为人而服务的，可以方便人们的生活与使用，因此从产品与人之间的关系入手，以产品的尺度、结构、体验等方面为重点进行设计可以更好地促进产品的创新。所以，对人性化的设计理念在产品设计中的运用进行研究具有很重要的意义，既可以为设计师带来设计的新方向，又可以促进人与产品之间的关系统一。

人性化设计是指在设计过程当中，根据人的行为习惯、人体的生理结构、人的心理情况、人的思维方式，等等，在原有设计基本功能和性能的基础上，对建筑和展品进行优化，使体验者参观、使用起来非常方便、舒适。是在设计中对人的心理生理需求和精神追求的尊重和满足，是设计中的人文关怀，是对人性的尊重。

1. 人性化和个性化的统一

在现代经济高速发展的今天，人们的需要也更加个性化，人们已不再满足于产品的功能需求，他们同时注重个人情趣和爱好，追求时尚和展现个性的心理左右着他们对产品的选择，消费者的需求呈多样化，单调的设计风格难以维系不同层次的商品需求，商品设计由以“人的共性为本”向“人的个性为本”转化，个性化设计已成为设计师关注的目标之一。这在产品上也逐渐得到体现：如“太子”摩托以其独特的造型获得了巨大的成功。摩托罗拉、西门子等系列手机，为用户提供了各色的外套和金属外壳，用户完全根据个人的爱好选用。长虹彩电、新飞冰箱的成功销售也代表了个性化设计的潮流。海尔公司甚至推出“按需设计、按需生产”的口号，根据不同的消费群体的需求给每个产品的设计定向。人们比较熟悉的还有林立街区的多数美发店，美发师经过培训，可根据每个人的气质、工作需要、脸型等的不同为消费者设计发型，进行形象包装定位等。这种个性化的取向暗示着人对共性需求的幔柱不再是设计的核心，个人或小团体的需求已成为设计师主要的考虑因素之一。共性设计逐渐淡化，个性设计得到重视，这也正是“以人为本”设计理念的真正体现。

2. 人性化和人文精神的统一

随着社会的不断向前发展，人的生活节奏不断加快，作为个体的人的独立性越来越强，人们不仅需要丰富多彩的物质享受，而且需要温馨体贴的精神抚慰，尤其是在竞争激烈的信息化时代，工作变得更加繁忙和紧张，人们渴望以之相伴的办公和家居用品更具有人情味，能缓解身心的疲惫和放松自己，使家能有像在大自然中的感觉。中国自古以来重视人自身的精神活动，与人生状态的体验，强调人文精神的贯彻，中国一直讲求着儒学精神，儒、道都主张“天人合一”的观念，认为自然与人本来就是不可分离的统一体，世界是与人的本性，与人的生命活动，生存方式休戚相关，相互交融的，更多地追求和体验人与自然契合无间的一种人生境界和精神状态，关心人生、人事、重视内在精神境界。使用者的这种渴求，使“以人为本”的设计上升到对人的精神关怀。国外一些知名企业的一些最新设计明显体现了人性化的设计理念，夏普公司设计的液晶显示器冰箱，可以记录30种食品的保质期、在食品到期的前一天提醒用户，其配制的录音装置还可人在离家前给家人留言，还能通知主人更换冰室用水，体贴入微的设计让用户备感人性的温和。还有电脑的变化，手写输入改变了键盘输入，电脑语言识别系统是人机对话成为可能，是电脑这种高科技产品变得如此平易近人，越来越智能化，这种对消费者心理和情感的关心是对人性关怀的具体体现，也正是“以人为本”设计理念的肯定与完善。

3. 人性化和生态环境的融合

随着人类人口的飞速增长，科学技术的快速发展，贫富分化的严重加剧，人类对资源肆无忌惮的掠夺，大自然开始报复人类：地球变暖、洪水泛滥、水土流失、大气污染，水资源短缺，土地沙漠化，沙尘暴肆虐，人类赖以生存的环境遭受前所未有的破坏。人们开始意识到发展与环境，设计与环境的重要性，开始采取种种措施来规范和引导经济朝着长远的方向发展，环保意识和可持续发展在全球成为共识。在设计领域开始树立以保护人类生存环境为中心的设计理念，同时也是一个设计伦理问题，这就要求设计时有强烈的道德责任感和社会责任感。从包豪斯早期的理想主义，路易斯·沙利文的“形式服从功能”、米斯的“少即多”所发展的工业产品的新美学观点，到后来美国设计师提出来的“为现实生活的设计”及后现代潮流中的绿色设计和生态设计观念，西方现代设计发展的过程充满了民主的色彩和以人为本的道德责任感。著名的设计师和设计理论家维克多·佩帕尼克曾经说过“世界上有比工业设计更危险的工作，但不多”。很难想象，一个没有道德责任感和社会责任感的设计师的作品在生活中被广为应用所产生的后果。因为设计不当的工业产品可能具有潜在的危险，包括对人体的损害、对环境的污染及对资源的浪费等。这就要求设计师在产品设计时应力求造型简洁，尽量简化产品结构；零件、部件可拆卸、更替；减少材料的使用量和材料的种类，特别是稀有材料及有毒、有害材料，尽量使用回收材料，增加材料循环和用高科技合成材料代替天然材料，最大限度降低各种消耗，同时又可再生利用。其目的在于实现产品——人——环境之间的和谐，围绕这个主题，系列“绿色产品”相继问世：电动汽车、电动自行车、太阳能汽车、无氟冰箱和空调等，并且多种产品的部件可拆卸、便于更换和回收利用，同时有的还可以升级，如电脑上的一些部件等。

4. 人性化对社会弱势群体的关注

设计的人性化也使设计师去多加关注社会中的弱势群体：残疾人、老人、妇女以及儿童。设计师只有用心去关注人，关注人性，才能以饱含人道主义精神的设计去打动人。如由设计师文森特·哈雷设计的“残疾人用电脑操作器”，方便了手不方便的残疾人，其灵巧的造型、安详的色彩和适合口型变化的形式，为他们打通了一条能和正常人一样享受新时代文明成果的途径，是对人性平等正直思想的高扬。德国设计师设计的盲人阅读仪，小巧轻便，可随手拿着在报纸上进行扫描图、阅图和贮存，避免了残疾人的心理障碍，盲人也能与正常人一样读报。超级市场的手推车架上加一个翻板，老年人购物时累了可以当靠椅休息，尊老爱老的美德便体现在细微的设计细节中。日本设计师曾发起过针对儿童进行的工业设计活动，使产品具有独特的功能和儿童喜爱的外型，让儿童受到教育并健康成长，他们称这种设计是“进行教育的设计”，令人们对设计师油然而生敬意。在这里，设计已成了带有神圣责任感和教育职能的社会行为。

（二）以智能手机界面为例的人性化设计分析

智能手机界面是用户与手机之间沟通的桥梁，手机界面的人性化设计就是要合理的设计规划人机之间交流的界面。

1. 输出方式的人性化设计

在当前的日用产品设计中，人性化设计是产品设计的关键。在智能手机输出方式设计中，人机交流主要是通过图像、声音、文字等进行。当前，智能手机界面要对信息进行接收或者发送，主要是通过触摸屏、手写键盘、摄像头、手写笔或者麦克风等方式，用户凭借这些设备能进行图像、文字和声音等命令的输入，然后手机自身硬件会对这些信息进行采集、分析、处理，再经喇叭、屏幕、耳机或者震动感应等设备进行输出反馈。在这个交互过程中，随着各方面技术的不断完善，其设计表现得越来越人性化。例如，当前智能手机中较为流行的指纹识别感应设计，是人性化设计的重要体现。用户将自己的特定手指指纹通过手机识别扫描，然后执行手机打开，或者其他指令应用。这一人性化设计主要是凭借人指纹的独一性进行设计的，与文字或者数字输入相比，这一识别方式更加安全、快速、便捷。例如魅族产品中的 MX5pro 型号的智能手机，即是运用的 sensor 指纹模技术，能对用户的手指指纹进行准确的识别判断完成其需要的一些应用。

2. 视觉界面的人性化设计

视觉要素由信息要素和形式要素构成。信息要素由图形、文字、形状、形体等内容组成；形式要素由点、线、面、色彩、空间等内容组成。一幅平面广告的大部分信息来自于视觉要素，视觉沟通只需要少量的视觉元素就能提供大量的信息。形式元素在画面上的组织、排列包括方向、位置、空间、重心等要素的安排，目的是通过确定各种视觉要素来构成元素之间的关系和秩序，以此来构建广告画面的视觉效果。视觉元素是最直接快速且易推广的设计信息传达，这种设计形式是人类接受外部信息的本能反应，准确给予用户以产品信息不是简单的事。图形视觉化界面是目前智能手机软件设计中的主导因素，通过将输入设备采集的数据信息转换为用户能够快速识别的视觉形式，人性化的视觉界面能够帮助用户快速地观察、浏览界面信息，从中便捷地找到自己所需要的信息数据。同时，界面的人性化，设计应遵循视觉连续性的原则，连续性是指用户的视线范围应专注于同一方向。

3. 逻辑结构的人性化设计

无论界面的视觉被设计得多么酷炫，如果没有界面的逻辑结构的构建设计，那么界面就是一盘散沙，并不能帮助用户解决实际性的问题，也可以说是没有使用价值的界面。手机界面的逻辑结构应以人为中心去设计，尽可能地实现最大化的方便用户使用，最小化用户对操作步骤的学习与记忆。逻辑结构的人性化设计不仅需要设计师从整个系统考虑问题，也要从用户的角度出发，人性化地分配界面的工作区、选项、面板等窗口命令，明确界面中菜单的层级组织关系，提高对其的选取速度。一般情况下，菜单的结构可以依照数字、字母、功能逻辑顺序的方法来安排，或者根据点用户击频率的多少排序，将点击量最多的放在首目录，点击量最少的则可以放在最底端的目录。如苹果手机设置里蜂窝移动网络的界面，从百度地图到订票助手再到粉笔公考等软件名称可以看出，软件顺序是按照英语字母的逻辑顺序来安排，便于用户的查找与使用。

通过研究人性化设计理念在产品设计中的应用形式，并以智能手机界面为例，对界面的人性化设计进行分析，进一步论证了人性化设计理念在产品设计中的重要性，提出了人性化设计追求不仅仅能够满足人们对于产品基本功能的实用需求，更加是追求满足用户个性化的情感需求。设计师在设计产品时，应该以人为本的角度出发，充分考虑到人性化设计理念在产品设计中应用的多种形式，并从中选取适宜的方式，贯穿运用到设计中去。

二、创意设计的随想

做设计不能太患得患失。把自己设计的项目以最低的成本，最人性化的效果来呈现给大家。关于自己的理想化的设计永远都不能放弃，虽然不是每一个理想化的设计都能实现，甚至有些自己喜欢的设计要等上十几年，才能等到实现的机会，但是理想的东西依然不能缺少，因为这些想法没有了，会大大磨灭我们的创造力的。保持一种公德心，一颗纯真的心很重要，一位优秀的设计师是对一种生活方式的设计，其实设计都是相通的。

有一个好的创意很难，把创意变成产品更难，把创意产品变成畅销产品就更更难，把创意畅销产品形成系列化就更难。

灵感并不会从天而降，它需要从最普通的生活场景中发掘，每天每日不间断的接触与体味：诱人的建筑，艺术，各种文化，文化现象和生活场景，都在刺激着设计师的神经．在头脑中激荡出创意的火花．我们不期待这种发掘能带来直接而具体的收获，但是，凭着直觉，我们能够体验其后蕴藏的深意，并能够从次阐释和解读引导未来设计潮流的灵感．

早在撒切尔夫人时期，英国就提出设计立国。如今创意和设计的重要性与日俱增，已经成为个人、企业、区域乃至于国家的重要战略。创意和设计是一种综合性的创新，它绝不只是纸面上、学术上、或者某某高深企业战略的东西，它已经深深影响到我们生产生活的各个方面。

创意和设计是一种重要的资源和能力，主要是智力上的。如果一个企业在资金上、技术上、品牌商、市场占有率上处于劣势，那么只有最大程度地增强其他方面的能力来参与竞争。

好的创意和设计不是凭空想象的，它往往就存在于大众之中。多观察、多联想就会发现无数好的创意，如果能够进一步联系和结合，那么你就可能在这些创意的基础上形成更好的、更符合实际的创意。

非专业人士增强创意和设计的能力主要致力于发现真正的需求，然后找人来进行相应的创意和设计。发现，关键在于有一双发现的眼睛。

设计和美术、音乐、文学等纯粹的艺术一样也是一门高水准高品质的艺术种类，它是艺术设计和商业设计的结合，艺术带给我们美的享受，也为商业发展提供展示的平台。中国的设计独树一帜，五千年华夏文明的濡养浸润，古老记忆和现代发展，人文关怀和感动故事，这些元素的融合让中国的设计发展快速前进。人类渴望新奇、渴望新鲜、渴望突破、渴望惊艳，有人说喜新厌旧是人类最伟大的一种情感，正是因为渴望改变，我们的生活才会源源不断的创新动力，所以设计和时尚一样，你现在看到的最新的立刻就是过时的了，只有时时刻刻的创新才能够稳住人们苛刻挑剔的眼光。从北京奥运会、上海世博会等等中国的盛事，设计都是一项巨大的工程，奥运福娃的设计，会标会徽的设计，主题和宣传的设计，一次国家盛事包含的设计元素数不胜数，这些设计让国人骄傲，让外国友人称赞。设计的发展也是中国的发展，伟大的设计让中国昂然挺胸立于世界，伟大的设计让他国感受现在的中国。

置身于街头、超市、商场其他公共场所，我们都能感受到设计扑面而来，有让人感动的广告画面、有警醒深刻的设计标语、有主题鲜明吸引眼球的商业宣传，这是设计艺术的发展，也是中国的发展！设计的发展是不容小觑的，而对设计的教育更要关注重视，对设计人才的培养是要用心尽力的，中国的设计虽然已经取得许多傲人的成绩，但是设计行业的现状并没有十分乐观，如今的“剽窃”、缺乏创意、商业气味过于浓厚、设计意义不深刻等问题频繁出现，所以设计的发展是国家和社会都要关心的事情。

第七节 品牌创新设计思路原理

一、产品的创新设计

除了外观设计，设计师及企业还应对产品进行大胆的创新设计，通过对产品的工作原理、功能及结构的分析等对其进行改头换面的设计，以获得更具有竞争性的市场优势，因为这种设计可以申请实用新型或发明专利，可保护性更强，竞争对手很难通过简单的修改来进行模仿，而我们所熟悉的外观专利则由于对手很容易通过适当的修改来规避专利，并且判断主要依据人的主观感觉，所以实际上可保护性很差。创新设计是相对于常规性设计而言的，它是产品设计师在当前市场条件下所提出的一种新的设计思路；是对过去产品设计的经验和知识进行创造性的分解组合，而使产品具备新的功能。因此创新性已经成为当前评价产品开发成功与否、是否具有市场前景的一个基本尺度，国内外企业都把创新能力作为产品设计开发能力的首要因素。

从企业角度观察，能为产品创造高附加值；从市场角度观察，能保持强劲的吸引力，不断刺激消费者的消费欲望；从消费者角度观察，能不断获得新产品，满足物质和精神生活的需要；从设计师角度观察，能不断迸发灵感进行创造；从经济发展宏观角度观察，使整个国家的经济呈现出强劲的竞争力。通过创新设计，由于技术或功能特点比较明显，所以企业在市场上可以比较牢固地抓住用户，而设计师则完全通过这种设计单独寻求企业合作，甚至可以通过风险投资创办自己的工厂，使自己完成从设计师到企业家的蜕变。任何工业产品，都是按照一定的工作原理来为人们服务的。

对于同一种产品，两者的产品设计理念却产生了很大不同，之所以会造成这种差异在于两者所处的情境不同或者说面向的用户不同，两种做法都有各自的道理无法定义孰对孰错。

前者之所以会那样设计在于运营人员自身能力的成熟，而后者运营人员太多，素质不一，所以要加大在用户体验方面的投入。用户群特性的不同决定了产品设计的理念不同。在这其中还有一个层面是由于开发成本所限，我在产品的第一个版本中会精简功能，只做最核心的。但是在实际情况却发现虽然说核心功能有了，能够满足需求，但是却很难使用，因为运营人员在后台使用过程中是要注意一些效率的。

我们在产品设计的时候总是会将需求分层次，将产品分版本，如果产品的第一版功能过于简单有时候也会使产品的意义大打折扣，致使我们的产品起不到预想的作用。通过对工作原理及附属功能如控制系统的科学理性的分析，我们很有可能发现现有产品的一些缺点和有待改进的地方，也可能会因为新技术发展而发现产品现有技术方案被替换的可能。

产品设计中的原则来源包括硬件设备的标准、开发成本，生活中的规则、产品人自己的价值观等，最根本的当然是用户需求了。在产品设计中除了受限于硬件平台的限制要遵守一些标准外，其实并没有多少原则要遵守的，而那些所谓的原则在用户需求和产品人自身的要求下也是可以打破的。

如果说做技术开发工作靠的更多的是硬能力的话，而产品设计更多的需要是软能力。每个人做产品时间长了，都会有自己的一套思想体系，在面对同一款产品时这套思想往往决定了做出来的产品形态上的差异。在实际工作中，我们更习惯将这种产品思想称之为产品理念。

在创新设计方面，创新也由原来的仿生法、智爆法、联想法、形象思维法和阵列法等基于认知的方法过渡向基于系统的方法方向发展，对设计进程和设计对象进行建模、模拟人类的认知思维模式，极大地推进了创新设计的自动化，并且利用系统论和信息论的研究成果，创新设计开始向智能化发展。

产品创新是一个系统性的工程，不是一朝一夕就能完成的工作，它是贯串在实际工作之中的一连串智慧的结晶，它受到企业各个方面的影响也得到各个方面的支持，只有具备创新的正确思维才能实现良好的创新产品。

二、融入文化元素，尽显品牌内涵

当今的化妆品包装设计追求传统结合，展现独特的智慧与时代气息，力求做到形式与内涵的高度统一。如德国设计的科学性、逻辑性和理性严谨的造型风格，意大利设计的优雅与浪漫情调，日本的新颖、灵巧、轻薄玲珑而又充满人情味的特点，这些无不植根于他们不同的文化观念中。中国在包装设计风格上则趋于平稳、圆满寓意和形式上的对称性、完整性，这也是中国整个民族的心理共性。如佰草集于 2008 年推出了品牌新形象，时尚却不失中国底蕴的包装大受消费者的青睐，并摘得 2008 PENTAWARDS 包装设计银奖。佰草集新形象更简约精致，融会了国际时尚元素和中华传统文韵，时尚而不失中国底蕴。新包装设计中，荟萃百种草药形态的团花盘覆瓶顶，演绎“佰草环绕”之意，瓶形从中国传统元素——竹节中汲取灵感，极富简约时尚之感。综观瓶身和“团花”瓶盖，又恰如一枚精致的中国印章，体现了品牌一贯蕴涵的中国文化。

如果你到小卖店或者大排档去吃过饭的话，你可能遇到过这样的情况，店主为了让你感觉这里很卫生，他会主动在碗的外面套一个塑料袋，这种组合倒是让你感觉安全了很多，但是使用起来总是感觉不是很方便。德国人就前进了一步，他们专门研制了一种“不用洗刷”的碗碟，原理同上，就是预先将多层塑料纸压制在碗碟上，每次用餐完毕，只需要剥掉一层塑料纸，就变成了一个干净的碗碟，可连续使用十几次，其实，在时间就是金钱的今天，人们对一次性的产品的需求日增，这种碗碟不仅可用于街头店，而且也很适合白领单身一族使用，既卫生、又节时。

先讲一个案例吧：一直以来扛着生活用纸创新大旗的心相印品牌，因为创新，缔造了品牌在行业的领先地位；因为创新，为企业带来了比竞争对手更丰厚的利润；因为创新，吸引了越来越多的品牌 FANS。2004 年情人节开始，心相印推出吉米系列新品，一炮打响，从此漫画与纸巾的结合成为一种时尚！可以说，包装设计创新在生活用纸行业是比较流行的创新方式，心相印的吉米系列是典型代表。但包装创新同时又比较难有好的市场表现，真正能像吉米那样风靡全国的并不多见，谭老师认为，根本的问题点在于：你的包装设计创新能否打动消费者的心，能否引起消费者的共鸣。因此，企业在进行包装设计创新时，切不可心血来潮，而应该事先对市场与竞品进行广泛的研究，对消费者进行深入的洞察。

很多婚宴中，香烟被从 20 支装的烟盒里取了出来，放到一个铺有红纸的小盘子里了，婚宴操办方往往需要购买很多常规的条装香烟，然后，一条一条拆开大纸盒包装，再一盒一盒拆开小烟盒包装，费神费力，这么多包装也是很大的浪费。烟草厂商是否想过，可以开发一种婚庆场所专用烟呢？把香烟装在一个红彤彤的大型塑料密封瓶子里，一个瓶子里装入 800 支香烟，既有喜庆气氛，又契合了八这个中国人心目中的吉祥数字，买一大瓶基本上就可以满足一般二十桌左右的婚宴所用。

可以说，创新包装不单单是为了好看，还有拓宽渠道的功能呢！四川榨菜用大坛子、大篓子包装只能在国内酱菜店销售；改为小坛子后就能卖到香港；而以块、片、丝的形式把榨菜分成真空小袋包装后，就能够销往国外。包装材料的创新，保鲜功能、保质功能、运输方便性的改进，屡屡为商品开拓市场提供新的机会。国外有一种用绳线与镜架相连的展示纸架，就解决了太阳镜在超市销售容易被盗的问题，使得太阳镜生产商能够放心的利用超市这个渠道销售。具体说来有以下几点：

文化是源远流长的，它是品牌永恒的生命力，将文化融入品牌，并得以在终端展示，这是展现品牌内涵，提高品牌美誉度的极好方法。所以，将文化元素体现在包装上，产品也便有了厚重的文化底蕴，这种产品也更能经得起时间的咀嚼产品包装的图文设计和色彩搭配是获取消费者目光的先锋兵。图文设计精美，色彩搭配和谐，且让人赏心悦目的产品包装必然最先跃入消费者的眼里。

包装的功能很多，例如，保护产品，便于储运；吸引注意力，进行促销；方便购买、携带；提升品牌价值等等。设计良好的包装能为消费者创造更多使用价值，为生产者创造更多销售额和利润。

包装关键在于深入产品内核，将与品牌相关联的产品文化、名称、图案、文字、色彩、材料、造型等一系列元素激活。其中产品信息的提供和表现非常重要，包装信息与产品信息必须保持一致。品牌名称、标志等信息的设计表现要尽可能地体现品牌个性和差异性。

如今，产品包装所起的作用不只是简单的方便携带功用，好的产品包装能保护产品属性、迅速识别品牌、传递品牌内涵、提高品牌形象。同样，这些包装的文字、图像、色彩等都能起到宣传效果，同时美化商品、促进销售。

台湾 ELLE 女鞋的鞋盒不是通常所见的两片式的带盖的那种，也不是一体的翻盖式的那种，而是类似抽屉式的，不仅方便在专卖店展示和拿取女鞋，而且更实用、环保，一般的鞋盒大家买回去后就顺手扔掉了，而这种鞋盒买回去后，消费者一般都不会扔掉，因为其很实用，把这些盒子叠放起来，就是一个很棒的储物盒，要穿鞋的时候，不用费劲一个一个鞋盒拿下来翻找，只需要轻轻一拉，就可轻松拿出来，即使不做鞋盒用，也可兼做其他物品的储存盒。这难道不会使女性为了鞋盒而买鞋吗？我看会的。

总之，产品包装是终端销售的“无声促销员”，更是终端销售的“第一促销员”！

第八节 产品创意设计方法

一、创意产品外观设计制作的技巧和方法

产品外观设计产品外观设计是指“对产品的形状、图案、色彩或者其结合所作出的富有美感并适于工业上应用的新设计。”产品外观设计是就产品的外表所做出的设计。所谓产品，就是人工制造出来的一切物品。美国有一个案例曾依据字典的定义说：“产品是指人的双手利用原材料制成的任何物品，不论该物品是直接用手制成的，还是使用机器制成的。”产品实际上涵盖了除自然物之外的一切物品。

产品外观设计是就产品的外表所做出的设计，还隐含了外观设计的工业实用性，即使用了某一外观设计或具有某一外观设计的产品是可以批量复制生产的。如果不能批量复制生产，不具有工业实用性，则不能申请专利，搜主意提供产品

外观设计的相关服务和法律援助。

任何设计最终要经过工艺和制造环节，而制图正是从设计到加工过程中的必经环节。设计者通过制图来表达设计对象，制造者通过图样来了解设计要求和制造设计对象。因此，制图是工程界的教育语言，也是设计者用以表达和交流设计思想的工具。通过对本门课程的学习，使得学生基本掌握按国家标准制图的能力。培养学生具有空间想象能力及空间构思能力，养成细心细致的工作作风和严肃认真的工作态度。

学习产品设计的效果图表现方法。对于一个产品设计必须用效果图的方式表达出来，完成这种表达方式是通过各种表现技法，达到形象、色彩、功能的完美表达。

产品外观造型很大程度上与产品本身的材料，以及材料的工艺特点有关，本课程主要研究常用的产品材料在材料的质感、性能、加工工艺特点等对整个产品外观的影响。学生通过本门课程的学习，在设计中能充分考虑和利用材料的特性，材料的加工工艺特点，提高设计的科学性和合理性。

二、创意设计方法

目前在设计领域使用的创意方法有一百多种，掌握与运用一定的创造技巧和方法，有助于激发创意，开发创造性。

（一）大脑激荡法

大脑激荡法（BS）又称头脑风暴法。是世界上最早的创造方法，由美国人奥斯本在 1989 年首先提出。BS 法采用会议形式，在良好的创造气氛中发表意见进行集体创造，参加人数一般为 5 ~ 10 人，与会者不分职务高低，平等地无拘束地发表见解，充分发挥想象力。通过发言，互相补充知识空隙，互相激励创意，产生新的灵感，共同进入创造的境界，从而获得大量的新设想。

脑力激荡中有四项基本规则。用于减轻成员中的群体抑制力；从而激发设想；并且增强众人的总体创造力。

1. 追求数量：此规则是一种产生多种分歧的方法，旨在遵循量变产生质变的原则来处理论题。假设提出的设想数量越多，越有机会出现高明有效的方法。

2. 禁止批评：在脑力激荡活动中，针对新设想的批评应当暂时搁置一边。相反，参与者要集中努力提出设想、扩展设想，把批评留到后面的批评阶段里进行。若压下评论，与会人员将会无拘无束的提出不同寻常的设想。

3. 提倡独特的想法：要想有多而精的设想，应当提倡与众不同。这些设想往往出自新观点中或是被忽略的假设里。这种新式的思考方式将会带来更好的主意。

4. 综合并改善设想：多个好想法常常能融合成一个更棒的设想，就像 "1+1=3" 这句格言说得一样。事实证明综合的过程可以激发有建设性的设想。

（二）综摄法

综摄法是由 美国麻省理工大学教授威兼·戈登（W.J.Gordon）于 1944 年提出的一种利用外部事物启发思考、开发创造潜力的方法。

戈登发现，当人们看到一件外部事物时，往往会得到启发思考的暗示，即类比思考。而这种思考的方法和意识没有多大联系，反而是与日常生活中的各种事物有紧密关系。

事实证明：我们的不少发明创造、不少文学作品都是由日常生活的事物启发而产生的灵感。这种事物，从自然界的高山流水、飞禽走兽，到各种社会现象，甚至各种神话、传说、幻想、电视等等，比比皆是，范围极其广泛。戈登由此想到，可以利用外物来启发思考、激发灵感解决问题，这一方法便被称为综摄法。

综摄法是指以外部事物或已有的发明成果为媒介，并将它们分成若干要素，对其中的元素进行讨论研究，综合利用激发出来的灵感，来发明新事物或解决问题的方法。

综摄法是以已知的事物为媒介，将表面看来毫无关联，互不相同的知识要素结合起来，创造出新的设想，也就是摄取各种科学知识，综合在一起创造出新的产品或方法。综摄法的运用将有助于人们发挥潜在的创造能力，它有如下两个基本原则。产品设计公司

1. 异质同化

异质同化简单说来是指把看不习惯的事物当成早已习惯的熟悉事物。在发明没有成功前或问题没有解决前，他们对我们来说都是陌生的，异质同化就是要求我们在碰到一个完全陌生的事物或问题时，要用所具有的全部经验、知识来分析、比较，并根据这些结果，作出很容易处理或很老练的态势，然后再去用什么方法，才能达到这一目的。

2. 同质异化

所谓同质异化就是指对某些早已熟悉的事物，根据人们的需要，从新的角度或运用新知识进行观察和研究，以摆脱陈旧固定的看法的桎梏，产生出新的创造构想，即可熟悉的事物化成陌生的事物看待。

3. 特性列举法

它通过对被研究对象进行分析，逐一列出其特征，然后着手探讨能否改进，如何改进。先要根据功能分析、功能评价的指向，确定一个明确的课题，课题一般宜小不宜大。如果课题较大，则可先分解为几个小课题，再从各个角度详尽地列举对象的各种特征。特征的列举一般分成以下三个部分。

（1）名词特征

如产品、材料、加工方法等各有其特征，可用名词表达。

（2）形容词特征

如产品的性质、大小、轻重、薄厚、色泽等方面的物理化特征，可用形容词描述。

（3）动词特征

如产品的技术性能、可靠性、维修性等功能方面的特征，可用动词描述。

（四）类比法

类比法（Method of analogy）也叫“比较类推法”，是指由一类事物所具有的某种属性，可以推测与其类似的事物也应具有这种属性的推理方法。其结论必须由实验来检验，类比对象间共有的属性越多，则类比结论的可靠性越大。类比法的作用是“由此及彼”。如果把“此”看作是前提，“彼”看作是结论，那么类比思维的过程就是一个推理过程。

类比法是一种通过类比联想、引申、扩展，从异中求同，从同中求异的创新方法。在表面上看来似乎与研究对象并无关系的类似事物，往往却可从中得到启发，找到办法，获得创造性成果。常用的类比法有以下几种。工业设计公司

类比是将一类事物的某些相同方面进行比较，以另一事物的正确或谬误证明这一事物的正确或谬误。这是运用类比推理形式进行论证的一种方法。

与其他思维方法相比，类比法属平行式思维的方法。与其他推理相比，类比推理属平行式的推理。无论那种类比都应该是在同层次之间进行。亚里士多德在《前分析篇》中指出：“类推所表示的不是部分对整体的关系，也不是整体对部分的关系。”类比推理是一种或然性推理，前提真结论未必就真。要提高类比结论的可靠程度，就要尽可能地确认对象间的相同点。相同点越多，结论的可靠性程度就越大，因为对象间的相同点越多，二者的关联度就会越大，结论就可能越可靠。反之，结论的可靠性程度就会越小。此外，要注意的是类比前提中所根据的相同情况与推出的情况要带有本质性。如果把某个对象的特有情况或偶有情况硬类推到另一对象上，就会出现“类比不当”或“机械类比”的错误。

1. 直接类比

直接类比就是从自然界或者人为成果中直接寻找出与创意对象相类似的东西或事物，进行类比创意。

2. 拟人类比

将创造对象模仿人的动作和特征，即“拟人化”设计，比如机械手、婴儿奶瓶。

3. 象征类比

从人们向往的，而在表面上看来似乎难以实现的想象中得到启发，扩展想象，如保密、防盗方面从天方夜谭中阿里巴巴与四十大盗的故事中得到启发，发明了

声控锁。

4. 因果类比

根据一种事物的因果关系推论另一事物的因果关系而创新，如根据负离子空气清新器推出负离子保健洗脚盆。

5. 综合类比

综合事物的各种相似特征进行类比，如汽车的模拟试验等。

总之，设计创意随我们的努力而来。只要做到有一颗时刻准备的心，加之在产品设计过程中灵活运用设计方法，我们就可以收获好的产品设计创意。

三、产品的设计与创意设计

设计的历史与人类的文明一样久远。设计是一门最古老的创造性活动，它是人类创造生产生活工具、改造自然环境、获取生存机会的重要手段。当人类在参与改造自然活动而产生工具装备需求时，设计就已经开始形成。人们生活水平和质素的不断提高，对产品要求也越来越高，这就要求设计者有很高的创新能力，更高新的理念运用到产品设计中。

人类从制造工具使用工具时，设计就开始了。虽然当时人类的设计意识比较薄弱，设计能力十分原始，但是人类已经开始学会制造工具，将工具进行改造翻新，这便是设计的开始。

随着现代生活越来越好，人们也越来越注重生活的品质和质量，当设计这个词遇上生活，为了使生活更加的很丰富和多彩，创意显现着重要的作用，当创意产品与设计、生活碰撞在一起，使得现在的生活更加的有趣了。

创意产品，是由创意市集这个概念引出的，创意市集（fashion market）是一种专门售卖富有创意，时尚，原创，非量产并富有商业价值货品的集市，多以摊位的形式呈现。 伦敦一条叫 Portobello 的马路后段就叫流行市集。有一些手工或者艺术爱好者们把自己的作品展示出来，并和他人交换交流。创意产品设计是一种具有特殊品质文化形态的创造，同时也是一种生存的文化、生活的文化，它承载着巨大的现实和历史重任。生活方式是文化的具体内容和形式，也是现代产品创意设计的一个重要出发点和核心概念，产品创意设计对于研讨社会、政治、衣食、住行，甚至设计自身具有重要的意义。创意产品设计本身也是一种生活方式，在物质文化浸润下的创意产品设计与生活方式密切相关。

生活是人所从事的各种生产、工作、生活的内容、过程、方式和形式，即作为生命体而活着时，必然从事维持生命的各种活动，从饮食、劳作到休息，这些都因时代、因人、因环境和条件而异，每个人都有自己的生活并形成了一定的方式和形式，这就是所谓的生活方式。

生活方式是生活主体同一定的社会条件相互作用而形成的活动形式和行为特

征的复杂有机体，基本要素分为生活活动条件、生活活动主体和生活活动形式3部分。生活方式最终体现的是人和物质的两个层面上的含义，生活方式是在物质为基础的前提下，表现出的是人的精神和思想上的需求，这种表现形式和设计的本质特征有着相同的特质，设计出的产品是物品的表达，设计过程是以人的审美意识和感性概念为直接出发点，但最终设计的目的并不是物质，而是人，设计的本质是要改变现有的生活状态，而创造出更加合理更加人性化的生活状态。我们生活在现代化的社会里，小到家庭厨房用具，大到工业设计，无一不体现着设计和创造，设计不仅仅改变着我们的生活和审美观点，更是在潜移默化的改变着我们的文化思想和观念思想。设计带来的新鲜和愉悦的同时，更多的是让我们重新认识了生活的质量和生存的另一种方式。

产品创意设计本身也是一种生活方式，在物质需求下的产品创意设计与生活方式密切相关。产品创意设计提供人们日常生活所需的物质条件，它在提供人类生存和发展的物质基础上也使人们的生活方式处于美和艺术的层面上，使生活具备了艺术文化的意义。

在人类社会发展的过程中，每一件人工制造的产品都是为满足人的需要而设计的，因此从本质上来说，在产品创意设计过程中，设计观念的形成均须以人的需求为基本的出发点。在现代社会中，随着社会物质生活和文化生活水平的不断提高，热门对现代产品的需求也越来越高，涵盖了产品所能表现的实用性和艺术性的全部内容。今天现代产品已经深入到人们生活、工作的每一个细节，产品的创意设计直接影响和决定人类的生活、生产方式，成为人类社会中不可或缺的重要组成部分。

创新型思维是一种具有开创意义的思维活动，即开拓人类认识新领域，开创人类认识新成果的思维活动，它往往表现为发明新技术、形成新观念，提出新方案和决策，创建新理论；广义上，创造性思维不仅表现为作出了完整的新发现和新发明的思维过程，而且还表现为在思考的方法和技巧上，在某些局部的结论和见解上具有新奇独到之处的思维活动。它包括两个方面，一是理性的认识，二是认识的过程。思维具有再现性、逻辑性和创造性等特点，按照发展方向的划分，思维可分为发散思维和归纳思维、正向思维和逆向思维等；按思维的活动规律划分，可分为逻辑抽象思维和感性形象思维；按思维的过程和结果的进行划分，可分为正向常规思维和跳跃创造性思维。

创新性的思维方式包含以下九种思维：抽象、形象、直觉、灵感、发散、收敛、分合、联想和逆向。

形象思维也称为具象思维，是意象运动的过程，通过对具体事物的外在整体形象进行观察来体会和了解物体的各种信息。它依靠自然真实的场景、丰富协调的画面、明确肯定的视觉符号、绚丽多彩的色彩，一切可直接感知的物体表面现象的理解，达到认识事物本质的目的。形象的思维的整体过程就是由感性、想象和联想等一系列抽象的行为方式作为主要的思维。所以灵感和直觉便是由以上几种抽象行为方式所产生。

发散思维又称为辐射思维、求异思维或多路思维，是指个体在解决问题过程中常表现出发散思维的特征，表现为个人的思维沿着许多不同的方向扩展，使观念发散到各个有关方面，最终产生多种可能的答案而不是唯一正确的答案，因而容易产生有创见的新颖观念。

发散思维是多方向的开放思维，主要有三个特征。第一，流畅性，是指发散思维用于某一方向时，能够举一反三，在短时间内迅速地沿着这一方向表达出较多的概念、想法，形成统一方向的丰富内容，表现为发散的“个数”指标。第二，变更性，是指发散思维能从某一方面调到多个方向，不局限于一个方面、一个角度，能够提供更多可供选择的方案，表现为发散的“类别”指标。变更过程实质就是指在思维过程中克服人们头脑中已有的传统的、固定的、僵化的思维模式，能够灵活地变更出新的方向来思索问题的过程。第三，独特性。指的是发散思维能够有独到的见解，在特定的时间段内，可以堪称是创新性思维的最高级的阶段。

收敛思维又称为集中思维、求同思维或定向思维，集中思维，就是从已知的种种信息中产生一个结论，从现成的众多材料中寻找一个答案。集中思维就是鉴别、选择、加工的思维，因而也是 创造性思维的一个要素。创造性思维活动实际上是发散思维和集中思维有机结合、循环往复而构成的思维活动。其活动过程是：集中→发散→再集中→再发散或是发散→集中→再发散→再集中。

收敛思维是与发散思维相对而言的，其最终的目的是相同的，都是为了快速有效、创新型的解决涉及问题，但是两者也有根本性的区别。第一，从思维发展的方向上看，发散思维是从中心问题开始向外寻求解决问题的方法，是“从一到多”的过程，而收敛思维是从外部的各种信息出发，逐渐向中心问题靠拢，是“从多到一”的过程。第二，从思维活动的作用上看，发散思维有利于人们思维的开放，有利于拓展思维的空间，有利于探索出各种解决问题的途径，而收敛思维有利于从各个不同信息中综合选取最确切信息，有利于快速解决问题，也容易取得突破性进展。收敛思维和发散思维既有区别又有互补，在问题明确，但是信息比较少的情况下，一般采用发散思维，而对于信息量大，相对模糊的问题，则往往采用收敛思维的方式，在创新性解决问题的时候，必须将二者有机结合才能取得创新性成果。

在现代市场营销学中，产品是指能提供给市场、供使用和消费的，用于满足人们某种欲望和需要的一切东西，包括实物、服务、组织、场所、思想、创意等。

产品的形式并不重要，关键是它必须具备满足顾客需要欲望的能力。产品的概念具有两方面的特点：首先，并不是具有物质实体的都是产品，而是能满足人们需要的物质和服务都是产品；其次，产品不仅是具有物质实体的实物本身，而且也包括随同实物出售时所提供的服务。即产品是有形实体和无形服务的统一体。

随着社会经济的发展，人们对商品的多样化要求越来越高，对商品个性化的需求也越来越突出，产品生命周期缩短，更新换代加快。为了满足现代人们的各种需求，现代工业产品的功能越来越强大。在现代工业产品中，产品的技术含量越来越高，产品的功能也越来越复杂。有些产品因为针对性强，可能只有几种特殊功能，这类产品在创意设计时，容易把握其功能，也能比较容易地对其进行分析和创意设计。而大多数产品是为了适应更多消费者的需求或者消费者更多、更高的需求，可能具有多种功能，将这些功能互相补充、互相组合可满足消费者的不同需求。

在现代的产品创新设计中，设计师往往面对的是功能系统相对复杂的产品的创意设计。因此，在进行现代工业产品功能创意设计时，为了更好地分析工业产品的功能，确定产品功能的性质及其重要程度，以便为产品的功能选择提供依据，同时，也为选择实现该功能的技术途径进行排序，就必须对产品的功能进行分类。产品功能的分类有利于将产品中包含的不同功能进行有序排列，充分分析，有利于后续的功能整理和功能组合。

要使得创新、创造力变为现实，很重要的要有丰富的知识，丰富的知识是和创新思维创造力的发挥成正比，丰富的知识不是天上掉下来的，不是地下冒出来的，不是人原有的，头脑里面固有的，要通过学习才能得到。

第九节　设计方法与创造性思维

一、创造性思维的特征与培养方法

在全面实施素质教育的今天，培养学生的创造性思维已成为教学的核心任务之一，数学作为重要的基础性学科，必须高度重视创造性思维的培养。

（一）创造性思维的基本特征

创造性思维就是指发散性思维，这种思维方式，遇到问题时，能从多角度、多侧面、多层次、多结构去思考，去寻找答案。既不受现有知识的限制，也不受传统方法的束缚，思维路线是开放性、扩散性的。它解决问题的方法不是单一的，而是在多种方案、多种途径中去探索，去选择。创造性思维具有广阔性，深刻性、独特性、批判性、敏捷性和灵活性等特点。它具有以下特征：

1. 综合性。创造性思维能把大量的观察材料、事实和概念综合一起，进行概括、整理，形成科学的概念和体系。创造性思维能对占有的材料加以深入分析，把握其个性特点，再从中归纳出事物规律。

2. 联想性。面临某一种情境时，思维可立即向纵深方向发展；觉察某一现象后，立即设想它的反面。这实质上是一种由此及彼、由表及里、举一反三、融会贯通的思维的连贯性和发散性。

3. 求异性。思维标新立异，“异想天开”，出奇制胜。在学习过程中，对一些知识领域中长期以来形成的思想、方法不信奉，特别是在解题上不满足于一种求解方法，谋求一题多解。

4. 灵活性。思维突破“定向”“系统”“规范”“模式”的束缚。在学习过程中，不拘泥于书本所学的、老师所教的，遇到具体问题灵活多变，活学、活用、活化。

5. 独创性。这是创造性思维的基本特点。创造性思维活动是新颖的独特的思维过程，它打破传统和习惯，不按部就班，解放思想，向陈规戒律挑战，对常规事物怀疑，否定原有的框框，锐意改革，勇于创新。在创造性思维过程中，人的思维积极活跃，能从与众不同的新角度提出问题，探索开拓别人没认识或者没完全认识的新领域，以独到的见解分析问题，用新的途径、方法解决问题，善于提出新的假说，善于想象出新的形象，思维过程中能独辟蹊径，标新立异，革新首创。

6. 创造性思维的跨越性。创造性思维的思维进程带有很大的跨越性，省略了思维步骤，思维跨度较大，具有明显的跳跃性和直觉性。

逻辑思维又称抽象思维，是思维的一种高级形式。其特点是以抽象的概念、判断和推理作为思维的基本形式，以分析、综合、比较、抽象、概括和具体化作为思维的基本过程，从而揭露事物的本质特征和规律性联系。抽象思维既不同于以动作为支柱的动作思维，也不同于以表象为凭借的形象思维，它已摆脱了对感性材料的依赖。抽象思维一般有经验型与理论型两种类型。前者是在实践活动中的基础上，以实际经验为依据形成概念，进行判断和推理，如工人、农民运用生产经验解决生产中的问题，多属于这种类型。后者是以理论为依据，运用科学的概念、原理、定律、公式等进行判断和推理。科学家和理论工作者的思维多属于这种类型。

（二）培养创造性思维的方法

思维是有方法可循的。好的思维方法能更好地触发灵感，获得创造性的思想。反复训练，并摸索出适合自己的思想方法，形成良好的思维习惯后，就会大大提高自己的创造力，让你变得更聪明。

1. 培养学生创造性思维的基础

观察是启动思维的按钮。应引导学生对问题不要急于按原有的套路求解，而要深刻观察，去伪存真，这不但能为解决问题奠定基础，也会有创见性的找到解决问题的契机。

我们要培养学生的创造性思维，不仅自己要善于设置悬念、善于观察，发现，同时还要鼓励学生大胆发现和创新。教师要以教学内容为依据，引导学生发现一些新事物，提出新见解，这样，才能充分发挥他们的独立才能。如果学生提错了问题或者提出了一些毫无根据的设想，教师不仅不要打击其积极性和好奇心而且还要给予鼓励。另外，还要注意培养学生的良好心理素质；如有意识的培养学生的强烈求知欲望，主动阅读课外读物从而获取更多的知识；培养学生的开拓精神和自信心。这些对于培养创造性思维有重要作用。教师在把知识传授给学生的同时，还应积极地发展学生的创造性思维的能力。只有这样，才能培养出适应社会主义现代化建设迅猛发展的具有创新意识的实用型人才。

2. 培养学生创造性思维的关键

构建一种适合于学生发展创造性思维的教学模式，是实施创造性思维的关键。兴趣是学习的重要动力，兴趣也是创造性思维能力的重要动力。首先教师在数学教学中应恰如其分地出示问题，让学生有“跳一跳就能摘到桃子”的感觉，问题难易应适度，可以激发学生的认知矛盾，引起认知冲突，引发强烈的兴趣和求知欲，学生有了兴趣，就会积极思维，并提出新的质疑，自觉地去解决，从而培养了创新思维的能力。其次，学生都具有强烈的好胜心理，如果在解决问题的过程中屡试屡败，就会对学习失去信心，教师在教学过程中要创造合适的机会使学生感受到成功的喜悦，对培养学生创造性思维能力是有必要的。组织一些有利于培养创造性思维的活动，如开展几何图形设计比赛、逻辑推理故事演说等，让他们在活动中充分展示自我，找到生活与数学的结合点，体会数学给他们带来成功的机会和快乐，进而培养创造性思维的能力。另外，通过充分利用数学中的图形的美，在教学中尽量把实际生活中美的图形联系到课堂教学中，再把图形运用到美术创作、生活空间设计中，产生共鸣，使他们产生创造图形美的欲望，驱使他们积极思维，勇于创造，从而使创造性思维能力得以提高。

在教学中，教师应及时捕捉和诱发学生学习中出现的灵感，对于学生别出心裁的想法，违反常规的解答，标新立异的构思，哪怕只有一点点的新意，都应及时给予肯定。同时，还应当应用数形结合、变换角度、类比形式等方法去诱导学生的数学直觉和灵感，促使学生能直接越过逻辑推理而寻找到解决问题的突破口。

3. 培养学生创造性思维的重点

培养学生的想象能力，是培养创造性思维的重点爱因斯坦说：“想象比知识更重要，因为知识是有限的，而想象可以包罗整个宇宙。”我们要善于启发、积极指导、热情鼓励学生进行想象，以真正达到启迪思维、传授知识的目的。想象不同于胡思乱想。

4. 培养学生创造性思维的保证

思维的统摄能力，即辩证思维能力。这是学生创造性思维能力培养与形成的最高层次。在具体教学中，我们一定要引导学生认识到数学作为一门学科，它既是科学的，也是不断变化和发展的，它在否定、变化、发展中筛选出最经得住考验的东西，努力使他们形成较强的辩证思维能力。也就是说，在数学教学中，我们要密切联系时间、空间等多种可能的条件，将构想的主体与其运动的持续性、顺序性和广延性作存在形式统一起来作多方探讨，经常性的教育学生思考问题时不能顾此失彼，挂一漏万，做到“兼权熟计”。这里，特别是在数学解题教学中，我们要教育学生不能单纯的依靠定义、定理，而是吸收另一些习题的启示，拓宽思维的广度。

在整个数学教学活动中，我们应该引导学生养成创造思维的良好习惯，要求学生自觉地、有意识地激发学生的创造思维意向，充分调动思维活动的动机、情感、意志等几要素的积极作用，使思维活动有趣、深入、持久；同时还要指点学生学习创造思维过程中的规律，用发展联想、一题多解、比较异同、互相转化等方法增强创造思维，达到数学教学的根本目的。我们只有引导学生站到知识结构的至高点上，他们才会准确把握问题的脉络，思维才会闪烁出创造性的耀眼火花。

二、培养创造性思维的原则与方法

创造性思维是指认识主体在强烈的创新意识下，以头脑中已有的信息为基础，通过发散思维与集中思维，借助于想象与联想，以渐进或突发的形式对现有信息进行新的组合，从而产生新观点的过程。创造性思维是创造能力的基石，要培养创造能力首先要培养创新思维。本文仅对中学物理培养思维的原则与方法谈谈自己的粗浅认识。

（一）培养创造性思维应遵循的基本原则

1. 学生主体性原则

创造性人格的培养在个体创造性的发展中具有非常重要的作用。创造性人格在创造活动中起着动力和监控的作用。只有具备创造性人格，个体才能不为各种环境因素所限制，坚持进行自己的创造性活动。具有创造性人格的个体，在创造性活动过程中会随时监控自己的活动过程，运用更有效的方法和技能，取得创造成就。因此，我们应特别注意创造性人格的培养，使创造教育得到全面的开展。

2. 首创性原则

创造性思维是一种打破常规，具有新颖的、与众不同的独创性思维，它除了具有一般思维的特征之外，还有最突出的两点：新颖性和独创性。因此，要培养学生的创造性思维能力，必须激励学生发表独特、首创的见解。

3. 求异性原则

求异性原则是创造性思维的又一重要原则。求异性原则是指，思维主体不能满足于常规和跟在他人后面一步一趋，必须具有求异、求新的心理，在求异、求新中发现创造性思维的火花，发现改变现有状况的契机和机遇，是一种在异中求新、新中求变的原则。

创造性思维不仅要培养辐合性思维能力，更重要的是培养学生的发散思维能力，为了达到某一目标而寻找出尽可能新的具有独创性解决问题的思路和方法，从而达到解决问题的目的，这就表现为求异性的特点。

4. 多样性原则

事物的发展是多样性的统一，离开了多样性，统一就没有了生气，是一种毫无价值的自身重复。离开了统一性，多样性就会变得紊乱，没有了中心，是众多事物的机械堆积。例如拿玩具来说，走进商店，小孩的玩具令你眼花缭乱，有无数个品种和样式，每个样式的功能和外形、体积等又均不同，此谓玩具的“多样性”；但多样性中又有统一的一面，即它们都具有玩具的特性，故才可摆在一个框框——玩具柜台内。如果没有了“多样性”，所有的玩具都千篇一律，一个样式、一样的功能、一样的大小、甚至一样的颜色，那么，玩具市场就会死气沉沉，就不会有创新；如果没有统一性，那么，这么多的玩具会因其性质、功能与玩具的特性相背，玩具柜台就会变成杂货柜台。求异性原则就是对这种客观事实的反映。

给学生提供一定的信息，让学生依据信息广开思路，充分想象，为达到某一目标寻找出尽可能多的解决问题的思路或方法，这就必然表现出“多样性”的特点。

要培养学生的创造性思维能力，必须要遵循以上四条原则，否则研究的目标会出现偏差，学生的创造性思维能力难以培养。

（二）培养创造性思维的基本方法

培养学生的创造性思维，必须依据创造性思维的特点，结合物理学科特定的教学内容，采取相应的方法才能达到预期的目的。在实践中应注重以下几点：

1. 创设宽松环境，激发学生的好奇心

事实上，教学活动不仅仅是教师教、学生学的过程，它同时也是师生情感交流的过程。只有师生情感沟通，真正把学生看作学习的主人，实现教学民主，学生才会有参与意识，敢于质疑，主动探索，从而使才智和个性得到充分的展现和发挥。心理学研究表明，有创新意识的儿童，大多感情强烈，思维活跃，想象丰富，独立思考，勤学好问，不依赖、不盲从，不怕困难。所以在培养学生的创新意识的过程中，教师要有意识地为他们创设宽松和谐的环境，提供“表现”的机会和舞台。

除良好的师生关系外,学生对所学课程的兴趣也是进行有效教学活动的前提。有创造力的人并不一定是学习成绩出众的人，他们往往有一定独立的态度和自己的兴趣，在于他们对待世界万物的动力、兴趣和态度等个性的特征。所以数学教学中，为激发学生的学习兴趣，除平时关心、信任和爱护学生外，教师还要用人格力量去影响学生。包括学习目的性在内的精神追求，渊博的知识、娴熟的教学艺术，去揭示数学知识本身的无穷奥秘和展示数学知识内部那种紧密而和谐美妙的联系，让学生的思维经常处于活跃状态，求知欲不断得到满足，从而增强数学学习的兴趣。

2. 训练发散思维和辐合思维的有效结合

发散思维是从给予的信息中产生众多的信息。或者说是让人们沿着不同的方向思考，信息存储在记忆体系统，并立即重新信息组织 以产生出大量独特的新思想。因此领导决策中应充分运用发散思维，调动积极性的男人和自己完全 用集团的智慧丰富决策者的头脑。而辐合思维指以集中思维为特点的逻辑思维，它要求众多思维必须集中到某个中心点。这样可使决策者思维集中，有一定目标性。

3. 发展学生联想力和想象力

人们对各种事物的感知能力是形象思维的基础，教师应注意在课中对学生进行多方面的感知训练，心理学研究中早已发现形象思维的发展不仅是进行智力早期开发的基础，同时也是创造思维的一个决定因素，是丰富道德情感、完善人格的重要基础。信息技术具有多媒体、网络化等功能，提供了发展思维的良好外部环境。

创造性想象不是想入非非，它必须要沿着一定方向、目的而展开，必须接受抽象思维的指导和调节，创造性思维的新颖性就有创造性想象的成分。

4. 要加强能力的培养

（1）培养实验操作能力。物理是一门实验性很强的学科，我极重视“实验操作”，凡是教学内容能用实验操作的都安排学生去做，不仅如此，而且我还将与教学内容相关的日常生活中的物理现象也让学生实验操作，这样，既培养了学生实验操作的能力，又拓展了学生的知识视野。

（2）培养积累资料能力。在物理教学中，应非常注重培养学生积累资料的能力。首先教育引导学生做生活的有心人，只要与物理知识有关的材料都注意积累，最终“厚积而薄发”；其次，指导学生利用剪报、摘录等方法，把资料分类。

（3）培养记忆能力。记忆力的强弱取决于注意力的强弱，我在培养学生注意力的基础上，还在记忆方法的指导方面下了功夫。比如，某一章节学完以后，指导学生采用“列表法”，对所涉及的知识予以梳理归类，列成表格，既一目了然，便于对照，又培养了记忆力。

（4）培养观察能力。物理知识往往通过对事物的观察才能获得，所以要想使学生学会物理，必须培养观察能力。无论在教学中的演示实验，还是学生的操作实验，都引导学生学会仔细观察实验过程中所出现的变化，同时我还要求学生观察日常生活中的一些物理现象。这样，使学生养成“见物思理”和“以物讲理”的习惯。

（5）培养注意能力。认知理论告诉我们，学习效率的高低取决于注意力的强弱。因此，我在教学中经常利用“环境的创设”“提问的设计”以及“课外知识的穿插”等手段，指导学生培养并提高注意力，使学生保持较长的兴奋状态。

（6）培养发问能力。培养学生的发问能力，让学生学会提问是培养学生创造性思维的关键一环。所以，应让学生“带着问题走向教师”，并且指导学生如何提问。有时学生提出一个“好问题”，能够造成师生和生生之间的认知冲突，这样学生的思维被激活，创造性思维就得到了有效地提升。

（7）培养讨论能力。学生与学生之间在知识结构和认知水平上差异很大，通过讨论甚至争论，能使学生的认知更加完善。在讨论时大家积极开动脑筋，思维与思维的碰撞产生了智慧的火花，创造性思维被激活，能力也得到了培养。

总之，培养创造性思维必须遵循科学的原则，采取正确的方法才能取得理想的效果。对此，我们务必要在理论上深入研究，在实践中不断探索。

三、创造性思维与创新设计

当今社会，从各行各业的设计到企业文化都离不开“创新”二字，创新并不是人们所认知的表面上的创意和改造，它具有更加深层次的意义。

（一）创造性思维的特征与重要意义

创造源于发展的需求，社会发展的需求是创造的第一动力。思维的求实性就体现在善于发现社会的需求，发现人们在理想与现实之间的差距，从满足社会的需求出发，拓展思维的空间。而社会的需求是多方面的，有显性的和隐性的。显性的需求已被世人关注，若再去研究，易步人后尘而难以创新，而隐性的需求则需要前瞻性地发现。

一个优秀的设计师首先在于他对信息品质的把控，能否准确地捕捉到事物本质信息的感觉能力和洞察能力，从而提出问题，分析问题，抓住事物的亮点进一步利用对事物的综合认识去创造性的解决问题，这个时候，创造性思维便在整个设计当中就起到最重要的作用。

创造性思维具有独创性，联系性，多向性，超前性，综合性的特征：

1. 独创性：既超越固定认知模式，以逻辑与非逻辑的思维巧妙结合，得出新论。它是“ 独立思考创造出社会（或个人）价值的具有新颖性成分的智力品质”。

是善于对人们普遍认可的事物提出疑问，善于从全新的思维角度思考问题，而不是一味的人云亦云或是模仿，从而形成自己的独到的见解，独树一帜并具有说服力，无论是从视觉还是功能，由表及里都能给人耳目一新的感觉。

2. 联系性：一个日常勤于思维的人，就易于进入创造思维的状态，就易激活潜意识，从而产生灵感。创新者在平时就要善于从小事做起，进行思维训练，不断提出新的构想，使思维具有连贯性，保持活跃的态势。是将不相关的几个事物通过纵向、横向、逆向三方面产生联系，在这个过程中要应运扩散性思维进行联想，如今联系性的创意设计也已经广泛的体现在很多设计领域当中，例如，艺术家 Caitlind r.c.Brown 在加拿大的艺术展中展出的“灯泡云”作品，这则作品一共使用了 6000 枚灯泡，其中 5000 枚为民众捐获的用过的废弃灯泡！这样的造型给人梦幻的感觉，尤其是在夜晚将灯泡点亮之时。这类创意往往都来自于思维的联系性所产生，最终达到让人意想不到的效果。

3. 多向性：多向性是打破常规通过多角度多方面的思考，推理，设想。超前性是只分析当下，着眼未来的一种有远见的设计思维，设计者思维活跃、跨度大，能够站在更高的层次上孕育出新的观点。

4. 超前性：例如，Iphone 的设计理念，就有着超前性，它的出现为业界带来彻底性的变革，同时也推动了整个时代的发展。这也说明了乔布斯具备了创造性思维的前瞻性，当然他不只具有这一特性。

5. 综合性：任何事物都是作为系统而存在的，都是由相互联系、相互依存、相互制约的多层次、多方面的因素，按照一定结构组成的有机整体。这就要求创新者在进行思维活动时，应将事物放在系统中进行思考，进行全方位多层次多方面的分析与综合，找出与事物相关的、相互影响的内在联系，而不是孤立地观察事物。应是多种思维方式的综合运用，而不只是利用某一思维方法。应是详尽地占有大量的事实、材料及相关知识，运用智慧杂交优势，发挥思维统摄作用，深入分析、把握特点、找出规律，而不是只凭借一知半解、道听途说就轻易决策。

创造性思维是一个多元化的，全面的，三维立体的空间思维，它也是逻辑思维、形象思维、灵感思维、直接思维、间接思维以及跳跃性思维的综合应运。它是运用全新的思维角度和方法来分析、认定和处理各种情况和问题，是在设计过程中从提出问题到解决问题的关键。一个好的创意在当今现代信息化社会里具有战略性意义，它是一个研究人们的行为和需求的同时关注生活中的细节和亮点的过程。

（二）创新设计三个案例

1. 苹果公司的创新设计

只要列举创新设计的案例，苹果公司毫无疑问是一个不可缺少的极具说服力的案例。有人说：三个苹果改变了世界，一个诱惑了夏娃，一个砸醒了牛顿，一个在乔布斯的手中。

纵观苹果公司 30 年发展过程，就像是一场技术的盛宴，从最初的 Apple I 到最新的 MacBookAir，苹果共塑造了十几款经典计算机，每一次推陈出新都给用户带来了惊喜，并推动了行业不断向前发展。对于许多计算机用户而言，苹果定义并引领着计算机产业，推动着技术创新，改变着人们对个人计算的认知。苹果认识到“简单胜过复杂。在技术创新上始终走在绝对前面的苹果，以惊人的速度取得了巨大的市场。

创新是民族进步的灵魂，是一个国家兴旺发达的不竭动力，以上案例都是应运创新的思维和技术改变着一个时代，为人类创造更加有品质的生活。

创造性思维是创新设计的核心要求，创新设计就是应用独特的思维能力创造性地解决问题，设计师无论掌握多少设计技能，如果没有创造性思维的支撑，设计是没有灵魂的，所谓的创新设计也无法走的长远。因此，创造性思维与创新设计有着密不可分的关系，只有培养独特的创造性思维进行创作并且致力于追求现代科学技术与艺术审美的高度统一，才能实现真正意义上的创新设计，才能推动企业的发展进而推动社会的发展。

2. 俞孔坚的创新设计

俞孔坚教授提出的“反规划”理念是景观设计理念中的创新，他通过逆向的创新性思维合理的提出这一理念，他的哈尔滨群力国家城市湿地公园，探索了一条通过景观设计来解决城市雨洪问题的创新方法：即建立城市“绿色海绵”，将雨水资源化，使雨水发挥综合的生态系统服务功能，包括：补充地下水，建立城市湿地，形成独特的市民休闲绿地等等，取得良好的社会和生态效益，目前已经成为国家城市湿地公园。

3. Volvo 的创新设计

瑞典人的创新能力和精神举世闻名，Volvo 汽车便是最佳例证。尤其是由 Volvo 汽车首创的三点式安全带， 如今已经成为汽车安全性能最重要的象征之一， 并且被所有汽车制造企业所使用。根据美国国家高速公路交通安全局保存的数据显示，三点式安全带在保护人类安全上发挥了至关重要的作用。二十世纪 80 年代，三点式安全带平均每天可以挽救 11 条生命，仅在美国，三点式安全带平均每两小时可挽救 1 条生命，一年可挽救 4000 条生命。后向式儿童安全座椅是另一个使 Volvo 汽车声名远播的杰出设计。Volvo 汽车公司在大量的调查研究过程所收集到的证据，充分证明幼小儿童乘车的最安全方法是让他们坐在后向式儿童安全座椅里。后向式儿童安全座椅可将伤害减少 90%。同正向座椅相比，后向座椅可将撞击力和对儿童头颈部的伤害减少一半。瑞典 Folksam 保险公司的调查结果也证实了这种观点。Volvo 汽车也将创新作为文化和社会现象加以体现， 并突出体现了创新对于整个社会发展的意义。

第三章 用户需求分析与设计

第一节 用户体验要素

一、用户体验

随着信息化时代的到来，工业设计的价值取向也在发生着巨大的变化。工业设计的任务，已远远超出了“产品造型”，而是在研究和创造着新的生活方式。由于信息交互在人们生活中的统治地位日益加强，“用户体验”的好坏成为工业设计成败的关键。这些体验涵盖了从实物产品到虚拟产品的方方面面，并且与工业设计相互融合、互相促进，形成新时代工业设计新的核心价值取向。虚拟产品设计已经成为工业设计的重要组成部分，用户体验是虚拟产品体现设计水平高低的首要参考。

现代社会，虚拟产品在人们的工作和生活中扮演着越来越重要的角色，人们在虚拟产品上所投入的精神和物质成本都急速上升，成为一种重要的消费产品。另一方面，随着信息化的迅猛发展，每个人随时随地都可以成为一个信息终端，这使信息交互的使用体验，成为衡量产品设计水平高低的重要标准。

信息交互是虚拟产品体现其价值的最主要途径，也是用户购买该类产品的主要目的。虚拟产品的使用体验，可以从两个方面来进行理解：技术层面和情感层面。

（一）技术层面上，方便快捷的信息交互是用户获得愉悦体验的基础，也是虚拟产品的一项基本要求。

随着信息终端的迅猛发展，各类信息终端越来越发达，信息量也越来越大，信息交互效率成为虚拟产品的主要衡量指标。以手机为例，在发展初期，用户体验主要是反映在硬件等较少的几个方面。随着信息化时代的到来，手机功能越来越多，人们的注意力也从最初的看手机硬件质量向使用体验转化。苹果、安卓手机与诺基亚的兴衰就是一个最直接的例子。诺基亚曾经以质量优良著称。但是，在信息化浪潮席卷全球的时代，诺基亚在其手机上固守原有的塞班操作系统。塞班操作系统在手机应用相对较少的时候并没有表现出劣势，但是随着手机所承载的功能越来越多，其使命已经远远超出了单纯的通话和短信，塞班系统逐渐不能满足用户体验。而苹果的 Mac OS 和谷歌公司的 Android 系统，以其简洁、美观和高度的兼容性，给用户以完美的体验。尤其是在技术上，交互速度极快，升级方便。由苹果公司的发展、安卓操作系统的迅速扩张和诺基亚的衰落我们可以看出，手机“抗摔”就可以赢得消费者的时代已成为过去，用户体验成为决定性的因素

美国心理学家亚伯拉罕·马斯洛所提出的需求理论中，将需求分为六种，按层次逐级递升，分别为：

1. 生理需求应用

生理需求（Physiological needs），也称级别最低、最具优势的需求，如：食物、水、空气、性欲、健康。

未满足生理需求的特征：什么都不想，只想让自己活下去，思考能力、道德观明显变得脆弱。例如：当一个人极需要食物时，会不择手段地抢夺食物。人民在战乱时，是不会排队领面包的。假设人为报酬而工作，以生理需求来激励下属。激励措施：增加工资、改善劳动条件、给予更多的业余时间和工间休息、提高福利待遇。

2. 安全需求应用

安全需求（Safety needs），同样属于低级别的需求，其中包括对人身安全、生活稳定以及免遭痛苦、威胁或疾病等。

缺乏安全感的特征：感到自己对身边的事物受到威胁，觉得这世界是不公平或是危险的。认为一切事物都是危险的而变得紧张、彷徨不安、认为一切事物都是“恶”的。例如：一个孩子，在学校被同学欺负、受到老师不公平的对待，而开始变得不相信社会，变得不敢表现自己、不敢拥有社交生活（因为他认为社交是危险的），而借此来保护自身安全。一个成人，工作不顺利，薪水微薄，养不起家人，而变得自暴自弃，每天利用喝酒，吸烟来寻找短暂的安逸感。

激励措施：强调规章制度、职业保障、福利待遇，并保护员工不致失业，提供医疗保险、失业保险和退休福利、避免员工收到双重的指令而混乱。

3. 社交需求应用

社交需求（Love and belonging needs），属于较高层次的需求，如：对友谊、爱情以及隶属关系的需求。

缺乏社交需求的特征：因为没有感受到身边人的关怀，而认为自己没有价值活在这世界上。例如：一个没有受到父母关怀的青少年，认为自己在家庭中没有价值，所以在学校交朋友，无视道德观和理性地积极地寻找朋友或是同类。譬如说：青少年为了让自己融入社交圈中，帮别人做牛做马，甚至吸烟，恶作剧等。

激励措施：提供同事间社交往来机会，支持与赞许员工寻找及建立和谐温馨的人际关系，开展有组织的体育比赛和集体聚会。

4. 尊重需求应用

尊重需求（Esteem needs），属于较高层次的需求，如：成就、名声、地位和晋升机会等。尊重需求既包括对成就或自我价值的个人感觉，也包括他人对自己的认可与尊重。

无法满足尊重需求的特征：变得很爱面子，或是很积极地用行动来让别人认同自己，也很容易被虚荣所吸引。例如：利用暴力来证明自己的强悍、努力读书让自己成为医生、律师来证明自己在这社会的存在和价值、富豪为了自己名利而赚钱，或是捐款。

激励措施：公开奖励和表扬，强调工作任务的艰巨性以及成功所需要的高超技巧，颁发荣誉奖章、在公司刊物发表文章表扬、优秀员工光荣榜。

5. 自我实现需求应用

自我实现需求（Self-actualization），是最高层次的需求，包括针对于真善美至高人生境界获得的需求，因此前面四项需求都能满足，最高层次的需求方能相继产生，是一种衍生性需求，如：自我实现，发挥潜能等。

缺乏自我实现需求的特征：觉得自己的生活被空虚感给推动着，要自己去做一些身为一个"人"应该在这世上做的事，极需要有让他能更充实自己的事物、尤其是让一个人深刻的体验到自己没有白活在这世界上的事物。也开始认为，价值观、道德观胜过金钱、爱人、尊重和社会的偏见。例如：一个真心为了帮助他人而捐款的人。一位武术家、运动家把自己的体能练到极致，让自己成为世界一流或是单纯只为了超越自己。一位企业家，真心认为自己所经营的事业能为这社会带来价值，而为了比昨天更好而工作。

激励措施：设计工作时运用复杂情况的适应策略，给有特长的人委派特别任务，在设计工作和执行计划时为下级留有余地。

6. 超自我实现应用

超自我实现（Over Actualization）是马斯洛在晚期时，所提出的一个理论。这是当一个人的心理状态充分的满足了自我实现的需求时，所出现短暂的"高峰经验"，通常都是在执行一件事情时，或是完成一件事情时，才能深刻体验到的这种感觉，通常都是出现在艺术家、或是音乐家身上。例如一位音乐家，在演奏音乐时，所感受到的一股"忘我"的体验。一位艺术家在画图时，感受不到时间的消逝，他在画图的每一分钟，对他来说跟一秒一样快，但每一秒却活的比一个礼拜还充实。

在马斯洛一生当中并没有提到超自我实现这一层次，只有自我超越需求（Self-Transcendence needs），而且经常被合并至自我实现需求层次中。超自我实现也许是传播和翻译过程中的失误。

（二）在感情层面上，优秀的界面和人性化思考的架构，可以获得使用者情感上、视觉上的共鸣，使消费者感受到设计者为消费者着想的温情，从而获得更愉悦的用户体验。

为了给使用者更好的使用体验，在图标设计上，应注意三个方面的内容：传达性、交互性和审美性。图标的首要任务是向使用者传达准确的信息，所以图标在造型、色彩等方面首先要考虑其所代表的含义和所要表达的功能。交互性是图标设计中的另一个重要因素，使用者与产品之间、使用者与使用者之间通过产品进行的交流，都离不开良好的交互性。除了功能上的交互性和传达性，能够在感情上与使用者产生共鸣的，就是产品设计的审美性。在图标设计过程中，一方面需要认真进行用户调研，形成科学准确的用户模型，在审美观念上与使用者产生共鸣；另一方面要适应审美潮流。

从美学角度说，界面设计是体现设计者关心用户体验的一个直接载体。界面设计需要多方面的考虑，比如使用习惯、审美取向、设计发展趋势等，在所有因素中，消费者的使用习惯是核心内容。界面设计在功能布局上，需要充分考虑两个方面的因素：功能的使用频率和消费者的使用习惯。设计者要充分站在使用者的角度考虑问题。站在使用者的角度进行设计并非一味地讨好使用者，而是以最高效率和最佳体验为消费者服务。因此，在设计过程中，除了要考虑使用者的习惯外还要主动引导消费者认识功能并形成更好的使用习惯。

（三）传统意义上的产品设计，用户体验也一直是产品价值体现的重要组成部分。

当手工生产被工业化代替之后，消费与制造的距离被拉大了。在作坊时代，产品对于消费者有一种天然的亲切感。到了工业化时代，产品生产越来越专业化，分工越来越精细，这使普通消费者与产品制造者之间产生了巨大鸿沟。这是工业化一个不可避免的副作用。古玩行业有“包浆”之说，其实“包浆”就是把玩者对产品使用体验的一种表现。包浆越厚，意味着人对“物”产生的感情也越深厚。这种情感成为产品文化价值的重要组成部分。然而，工业化批量生产的结果导致很多产品失去了本身应有的美感。我们不会再为使用过的不锈钢茶壶恋恋不舍，就是使用“体验”的缺失。这也就不难理解为什么产品打上“手工”的标签，尽管价格昂贵，但消费者还是会为之买单。尽管如此，我们并不是倡导手工业时代的回归，而是在这样一个工业化的时代，倡导将“人情味”融入到产品的设计中，通过设计达到人与物情感交流的目的。这就要求我们以使用者的体验作为设计价值取向的重要参考。

现代产品设计正在以“功能”“外观”为重心转向以“消费者”为中心的“自

我实现”领域，设计关怀应该以满足需要为基础，为消费者提供最佳的使用体验为目的。随着信息化时代的到来，用户体验逐渐成为工业设计价值取向的核心。

二、设计与用户体验

用户体验（User Experience，简称 UE）是一种纯主观的在用户使用一个产品（服务）的过程中建立起来的心理感受。因为它是纯主观的，就带有一定的不确定因素。个体差异也决定了每个用户的真实体验是无法通过其他途径来完全模拟或再现的。但是对于一个界定明确的用户群体来讲，其用户体验的共性是能够经由良好设计的实验来认识到。

用户体验这个词最早被广泛认知是在上世纪 90 年代中期，由用户体验设计师唐纳德·诺曼（Donald Norman）所提出和推广。近些年来，计算机技术在移动、和图形技术等方面取得的进展已经使得人机交互（HCI）技术渗透到人类活动的几乎所有领域，而我们生活的周围几乎所有的东西，或多或少都是经过设计的，只是人们几乎没察觉到，就好像呼吸一样自然。小到便利贴，牙签，剪刀。大到汽车，飞机，建筑都是经过设计的。亨利·福特曾说过：每个物体都有一个故事，要看你去如何解读与体会。

（一）用户体验其实际影响

有许多因素可以影响用户的使用系统的实际体验。为便于讨论和分析，影响用户体验的这些因素被分为三大类：使用者的状态，系统性能，以及环境（状况）。针对典型用户群、典型环境情况的研究有助于设计和改进系统。这样的分类也有助于找到产生某种体验的原因。

假设一个人在拥挤的公交车上，他想打电话给朋友，那这时候到底有什么影响了她对手机的用户体验呢？首先，用户的精神状态直接影响了他的动机，期望，情绪，认知。其次当前的客观资源（只有一只手可以用来举着电话）。

任务目的因素（发短信是一个双向对话的一部分，而其他正在进行中的活动可能扰乱或中断这一行为，例如，注意自己什么时候该下车）

这一环境状况促使使用者用短信的方式和朋友联络。环境状况正是以这种方式影响了使用者与手机之间的相互作用，也就是用户体验。

1. 网页设计给用户体验带来的影响

网页设计在网络推广和用户体验中曾带来很多歧义，很多人认为网页的界面设计不重要，不管界面怎样，网络推广做得好，并且有一定的流量，此网站就是成功的网站。也有很多人认为网页设计很重要，一个界面的美观直接影响了网站的权重，于是过分追求界面的美感，却忽略了网站优化的重要性，同时也给用户带来一些不好的印象。红姐的博客刚建立时，购买的空间不好，很多人反映网站打开速度太慢，后来红姐毅然换了空间服务商，同时也把博客换成打开速度较快的主题，这才解决了网页速度这一大问题。

2. 颜色是影响网页的重要因素

颜色是影响网页的重要因素，不同的颜色对人的感觉有不同的影响。如：红色和橙色使人兴奋并使得心跳加速；黄色使人联想到阳光；黑颜色显得比较庄重，考虑到你希望对浏览者产生什么影响。所以，当你决定做一个网站时，一定要选好网站的主色调，不要东一块色系西一块色系，用户很容易迷路，无论是单页、频道页，都应采用主色系，灰色、白色的万能色，可以跟任意的颜色搭配。

3. 网页速度直接影响用户体验

我们都知道，网页打开速度是留住访问者的关键因素，如果 20–30 秒还没能打开一个网页，一般人都不会有耐心。所以我们在保证首页速度尽可能快的同时，还是多花点钱买个稳定、带宽好点的空间吧。网页速度直接影响用户体验，而影响网页速度的主要原因有两点：

（1）界面设计

很多人为追求美观，把界面设计得很漂亮，于是网页上到处都是图片，甚至连导航都用 flash 设计的。这样的网站确实美观，但是增加了速度的负荷，而且优化起来也不好优化。

像网易、腾讯等大站，这么庞大的数据系统，打开速度并不慢，在技术方面暂且不说，只看界面，简单但不失美观，相比下自己的网站，不需太累赘的图片也能达到美观的效果，同时还能带来很好的用户体验，在这点上还是需要多多注意的。

（2）网站空间服务商

除了界面外，空间服务商也是个很重要的原因。做网站就不能因为要省下几十块钱而去买个不好的空间服务商。所以想要做好网站，就要花多点钱购买一个稳定、带宽好点的空间。

（二）版面设计

当一个用户打开网站，他第一眼会看到哪个区域，从一个网页设计师的角度去考虑的话是非常有讲究的，如果要获得更好的用户体验，这些东西是很值得研究的。所以用户浏览网站的习惯是有迹可循的。新用户与老用户的浏览习惯也有差别。根据这个特性，把适当的信息排在适当的位置，能更好地展示给用户看，用户也能更迅速发现了他们需要的信息，

（三）改善用户体验

1. 有用

最重要的是要让产品有用，这个有用是指用户的需求。苹果 90 年代出来第一款 PDA 手机，叫“牛顿”，是非常失败的一个案例。在那个年代，其实很多人并

没有 PDA 的需求，苹果把 90%以上的投资放到他 1%的市场份额上，所以失败势在必然。然而在 21 世纪的今天，苹果公司的 Ipod，iphone，ipad，mac 电脑系列创造了音乐，平板电脑，手机以及个人电脑领域的奇迹。

苹果公司前 CEO 乔布斯说：人们也许根本不知道自己需要什么，而我知道，所以我做出了这些东西供他们使用。

2. 易用

其次是易用，这非常关键。不容易使用的产品，也是没用的。市场上手机有一百五十多种品牌，每一个手机有一两百种功能，当用户买到这个手机的时候，他不知道怎么去用，一百多个功能他真的可能用的就五、六个功能。当他不理解这个产品对他有什么用，他可能就不会花钱去买这个手机。产品要让用户一看就知道怎么去用，而不要去读说明书。这也是设计的一个方向。而苹果公司应用在 iphone，ipad 上的 ios 系统极大的简化和满足了各类人的需求，譬如有专为盲人设计的语音提示功能，尽量简化整合的界面，有人说“我的小孩 3 岁，第一次拿到 iphone 就知道怎么使用”，我觉得这是一个把用户体验做到比较高水准的体现。

3. 视觉设计

产品在满足人功能需求的基础上，人日益开始追求形式美。从心理学意义来分，界面可分为感觉（视觉、触觉、听觉等）和情感两个层次。有效的界面设计经常是预见的过程，设计目标是开发者根据自己对用户需求的理解而制定的。

优秀的界面简单且用户乐于使用，视觉设计的目的其实是要传递一种信息，是让产品产生一种吸引力。是这种吸引力让用户觉得这个产品可爱。“苹果”这个产品其实就有这样一个概念，就是能够让用户在视觉上受到吸引，爱上这个产品。视觉能创造出用户黏度。

4. 品牌

品牌效应也是非常重要的一点，人们通常对一些所谓的大品牌比较放心，虽然有一部分是心理作用，但这就是品牌的力量。譬如说到“苹果”人们就联想到简约美，昂贵。说到“法拉利”就会联想到速度，红色，超级跑车。而品牌的口碑是需要时间的累积的。

将前几点做好，就融会贯通上升到品牌上。这个时候去做市场推广，可以做很好的事情。前四个基础没做好，推广越多，用户用得不好，他会马上走，而且永远不会再来。他还会告诉另外一个人说这个东西很难用。

用户体验设计经常犯的错误是，直接开发直接上线。很多人说，互联网作为一个实验室，我一上线就可以知道结果了。这当然也是一个正确的理念。但是在上线之前有太多的错误，那么就会大大地影响事态结局。一开始的时候就能很准确地作出一些判断，作出一些取舍，在互联网这个实验室里，才能够做得更好。

三、用户体验特征

随着工业领域的发展日趋成熟，产品的可用性和技术的可靠性变得理所当然，用户开始寻找能够提供更具吸引力的用户体验的产品。同时体验经济的快速发展，推动着各行各业对用户体验的关注，传统的产品设计方法已经不能适应经济形态的变化，这时用户体验设计理念应运而生，而从事用户体验设计要建立在对用户体验的相关特征的了解基础之上。

（一）用户体验的定义

用户体验这一领域的建立，正是为了全面地分析和透视一个人在使用某个系统时候的感受。其研究重点在于系统所带来的愉悦度和价值感，而不是系统的性能。有关用户体验这一课题的确切定义、框架以及其要素还在不断发展和革新。

ISO 9241–210 标准将用户体验定义为 “人们对于针对使用或期望使用的产品、系统或者服务的认知印象和回应”。通俗来讲就是“这个东西好不好用，用起来方不方便”。因此，用户体验是主观的，且其注重实际应用。

有关用户体验的绝大多数定义都一致认为，用户体验不仅涉及一个产品的实用性和可用性，还要强调用户体验的个人主观性、随时间变化的动态性，还涉及特定的环境因素。

（二）用户体验的内容

随着宽带普及，随着社区类产品的爆发，用户在线时间变长，用户反哺给互联网的内容越来越多，互联网的定义也在变化，那些联网的个人电脑和电脑背后的用户与服务器们一起组成了互联网。贴吧知道等产品就是顺应互联网定义的变化，引导用户创造大量口语化的讨论和问答，满足用户关于冷僻内容、突发内容、问句搜索的需求。反过来，当用户这方面的搜索体验改善后，又会养成更多这样搜索的习惯。这是产品和用户互相适应又互相改变的过程，这也是用户体验因时而变。

用户体验不仅要实现技术性方面的需要，而且要承认用户体验是主观的，与环境有关、复杂的、动态的等非技术方面。用户体验超越技术性范畴，它由用户的心理状态、环境、系统组成，它是在用户心理状态、系统、环境的作用下，进行交互时产生的结果。其中心理状态包括心理倾向、期望、需求、动机、心情等；系统具有复杂性、目的性、可用性、功能性等特征；环境包括了社会环境等。

第二节 用户体验的需求层次

一、用户的体验价值在于需求层次

面对日益激烈的市场竞争，越来越多的企业在营销中开始关注人的因素，最大限度地满足客户需求。客户服务是指企业通过营销渠道，为满足客户的需求，提供的包括售前、售中、售后等一系列服务。客户服务的目的是满足客户的服务需求，客户是否满意是评价企业客户服务成败的唯一指标。只有客户满意才能引发客户对企业的忠诚，才能长期保留客户。客户所需服务按顺序划分有四个层次。

客户满意度，是指客户对企业提供的产品或服务的满意程度。同时，客户满意度也是客户对企业的一种感受状态。

客户忠诚度，是指客户忠诚于企业的程度，是客户在得到满意后产生的对某种产品品牌或公司的信赖、维护和希望重复购买的一种心理倾向，是一种客户行为的持续性。客户忠诚度表现为两种形式，一种是客户忠诚于企业的意愿；一种是客户忠诚于企业的行为。前者对于企业来说本身并不产生直接的价值，而后者则对企业具有价值。推动客户从“意愿”向“行为”的转化，企业可通过交叉销售和追加销售等途径进一步提升客户与企业的交易频度。

客户保留度，是指客户在与企业发生初次交易之后继续购买该企业产品的程度。保留一个老客户的成本是获取一个新客户成本的五分之一，几乎所有的销售人员都会知道向一个原有客户销售产品要比不断寻求新客户容易得多。对客户保留的价值认可起源于对忠诚效应的认可，客户保留如今已经成为企业生存与发展的重要驱动力之一。

有效使用在线表单。在线表单是网站事先设计好的调查表格，通过在线表单可以调查客户需求，还可以征求客户意见。

用户需求服务的四个层次之间相互促进，低层次的需求满足的越好，越能促进高一层次的服务需求。客户得到满足的层次越高，满意度就越高，与企业的关系就越密切。客户需求层次的提高过程，正是企业对客户需求的理解逐步提高的过程，也是客户对企业关心支持程度逐步提高的过程。

在大多数的情况下，我们都会发现用户体验随着竞争刺激需求的变化，用户体验的作用也随之变得越来越重要。但是原因并不是在于竞争，而是竞争刺激了需求（注意是刺激，而不是决定因素）的提升，在新的需求的层次下，用户体验成了用户需求的组成部分。

这个以网络的支付平台为例，在网购之初，网购只是解决用更少的钱买更优惠的东西的二手交易，其解决的问题虽然不是生理上的问题，但是却是在类似的生活级别上的；当时的支付宝等等平台所解决的用户需求也是在安全需求的级别上；这个时候的用户体验的价值并不高，当一个支付平台比另一个更安全的时候，大部分用户都会选择更安全的一个；白鸦总是在说支付宝的体验差，但是还是国内最好的支付平台，是因为其他的作用更差。虽然支付宝的体验比其他的好一点这是事实，单不足以支持支付宝是国内最好的支付平台，只是因为它最好的解决了用户支付安全的需求。

在用户消费水平的提升和网络购物渠道的丰富前提下，竞争刺激用户网购的需求有部分已经变成了购物方便，抢购在线下难买到的商品等需求，在这样的需求情况下，支付的需求中也加入了社交和尊重等和体验有关的需求。于是，用户体验在支付平台上的价值正在一步一步的变大。

二、产品用户体验的层次

产品用户体验层次主要有五层：

1. 战略层：确定产品的范围，表明产品的战略目标，以及你所想通过这个产品所达到的目的；主要关注用户需求和产品目标；

2. 范围层：包含产品的各种特性和功能，任何一个功能是否该包含在这个产品当中，是范围层要决定的；主要关注功能组合和内容需求；

3. 结构层：用来设计用户如何到达某个页面，在用户操作之后能去什么地方；主要关注信息架构和交互设计；

4. 框架层：在表现层之下，用于优化设计布局，以使文字、图片、表格等元素达到最大的效果和效率；主要关注信息设计和界面设计；

5. 表现层：用户看到的是一系列的界面，一般来说由文字、图片、Flash 等元素组成，可能这些文字、图片是可以点击并执行某种功能的；主要关注视觉设计。

（一）发掘好产品

好的产品就像一片沃土，让各色各样应用在沃土上茁壮成长；也像一个宽敞自由的舞台，让用户自由自在地表演。发掘出用户某种需要、要求或者诉求并满足的产品都可以算是“好产品”。要做到这样的程度，说起来很容易，就是要深入用户的日常生活习惯、日常操作行为和日常工作内容中去发掘需求，或者是能够想出某种具有引爆点的金点子，但真正做起来却没几个好产品，没有最终得到用户的认可，那就还是不够细致，没有发现那个可以让产品有生命力的点。有的时候无法获取到大多数的用户，但要是能够精确定位到一部分小众用户，也是可以获得成功的，前提是这部分小众用户有足够大的潜在消费能力。

最后是推广你的产品，让用户使用起来。再好的产品做出来如果没有人知道、没有人用或者用不起来，这比做出一个糟糕的产品让用户所唾弃还可怜，因为这已经不是产品的问题，而是做产品的那些人的问题了。所以现在很重视产品运营，好的产品都是运营出来的；开始流行产品引导性提示，用户使用都是有一定的学习成本的。另外要说一句的是，一句好的宣传语能极大提升推广的效果，如“支付宝，知托付！”“微信，是一个生活方式！”。

（二）产品的特别之处

基于上面部分产品能用的前提下，产品的好用程度会影响用户的留存度。现在产品市场竞争这么激烈，除非是别人都没有的，剩下的都需要考虑竞争的问题。有竞争就会有比较，同样功能和使用的产品，一比之下立马就能见分晓。一般好用的评价标准是，在满足用户需求的前提下，用尽量少的操作步骤去得到结果。为什么大家都在优化/简化产品使用流程，就是这个道理。一个很常见的例子就是电子商务网站的购物流程，在相同的购物目的下，用户在整个购物流程当中，需要六个步骤完成和只需三个步骤完成的体验是不一样的，需要注册登录才能下单和直接就可下单的体验也是不一样的。

从使用界面角度来分析的话，好不好用还体现在产品的整体界面排版布局和视觉设计上。界面排版布局会影响用户的操作轨迹，现在用户的视线轨迹基本都认可是“F”型，但操作轨迹却不是，在单个页面上最好是能一条直线的下去；多个页面上的操作现在都比较流行 TAB 进度条型操作提示，以引导和鼓励用户完成操作。视觉设计主要体现在色彩搭配上，现在流行的淡色系和小清新风格，都是为了给用户一个良好的使用情景，比如可以减轻一些焦躁的情绪，使用户可以静下心来去使用产品。

（三）产品功能性分析

从产品功能性角度来看，当产品提供了某种功能来满足用户的某个需要时，一方面是指这个功能有没有用，即用户在使用的过程当中能否顺利地完成操作；另一方面是指这个功能能不能用，即用户使用了之后能否达到预期的效果。如果是前者，那基本上这个用户用过一次之后不会再来第二次，对用户来说这是一次糟糕的使用体验，印象分为 0；如果是后者，在没有达到预期效果的情况下，若有折中的使用体验能满足用户的需求，也会给用户留下一个“还行”的印象，有些专家型用户还会提出一些意见反馈，这就达到了产品能不能用的要求。应该说这是一个基本的要求，若是不能完整使用的产品投放出去，只能算是半成品，是对产品不负责任的表现。

从产品使用性角度来看，用户选择使用某个产品的时候，肯定都带有某种目的或者期望，当其发现使用了这个产品无法达到其目的或者期望时，用户就会放弃使用这个产品。这是非常正常的现象，我们无法满足全部用户的需求，但我们要满足产品的目标用户的使用期望，如果连目标用户人群都觉得这个产品没有解决任何问题，那这个产品还是一个无用的产品，对用户来说没有任何价值。一个没有用户愿意使用的产品，功能性没有问题的话，就肯定是需求分析出了问题。

（四）产品使用的效果

用户用的好的产品，非常适合培养忠实用户，大家知道忠实用户的数量多少对一个产品的价值影响是非常大的。好的视觉设计也能给用户创造出愉悦的产品使用体验，使之可以掩盖一些产品上的瑕疵。一个产品的精致程度，用户很大程度上都是通过产品的外观来衡量的。良好的视觉体验会让用户觉得我们是在用心做产品，也会增加去深入使用的好感度。让用户觉得“酷”的产品，他在使用的过程当中也就会提升体验度。

另外一方面就是产品的使用体验有没有超出用户的预期。前面讲到，用户在使用某个产品的时候，都会有一个预先的目的或者期望，当产品达到了这个期望，用户会觉得“还行”；当产品超出了这个期望，用户就会觉得“不错”；如果想让用户觉得“很好”，那就要看你这个产品到底能超出多少期望了。为了达到这个超出预期的效果，以前较为流行的一种做法是往产品上堆叠功能，附属功能、扩展功能、关联功能一大堆，到最后用户都找不到哪个是产品原来主要功能了，这种方式现在已经被证明是不行的。现在说的较多的一种做法是术业有专攻，把产品的主要功能点做到极致，就是一种成功。拍照的 App 那么多，为什么受欢迎的就那几款，原因就在于它们找到了用户使用的诉求，简化了使用的操作，并且超出了用户使用的预期。

（五）通过用户反馈，改进产品质量

能做到让用户主动参与进来去提出意见反馈来改善的产品，这本身已经是一种成功了，这证明你的产品不是一无是处，还是有可取之处的，用户愿意在使用的过程中发表自己的看法，来帮助产品去逐步地完善和改进。这里不包括 BUG 的反馈，主要还是意见建议类的能使产品得到提升的方面。在有选择的前提下，用户是很自由的，某个产品用的不爽，大可不必继续用下去，可以换个功能类似的产品用，之所以停留，肯定是该产品有吸引用户的地方，解决了一部分的问题，至于未解决的部分，用户愿意告诉你如何去解决，需要的只是我们的专业性评估，以决定是否采纳用户的意见。这种时候用户已经完全参与进来了，满足了他们的一部分自我实现的需要。

三、情境体验的用户需求

为了优化产品，提升用户体验，产品团队经常做很多事情：数据监测、数据分析、竞品分析，然后给交互设计师提需求，让交互设计师把需求转化为可用的功能和良好的体验。通过情境体验的理论方法研究用户在产品使用过程中对于情境的理性认知和感性认知，目的是挖掘用户的期望需求和用户痛点。

（一）情境体验

情境体验通常指的一种教学方法。在这种教学过程中，教师有目的地引入或创设具有一定情绪色彩的、以形象为主体的生动具体的场景，以引起学生一定的态度体验，从而帮助学生理解教材，并使学生的心理机能能得到发展的教学方法。情境体验式教学的核心在于激发学生的情感。

“情境”概念最早由美国社会学家 W.I.托马斯与 F.W.兹纳尼茨基合著的《波兰农民在欧洲和美国》一书中提出，后来德国心理学家 K.莱温在其物理和心理场的理论中进一步研究了心理环境问题。社会学家和心理学家对于情境的定义为后续情境理论在设计领域的研究发展奠定了理论基础。哥伦比亚大学的 B.scillt 为情境赋予了更为具体的概念定义，让情境的理论维度更加靠近设计领域。情境被其定义为物体、人以及人的位置的表示，同时包涵上述三者的变化。情境始终和心理学有着密切联系，随着心理学领域对于情境研究的发展，情境也被定义为在特定背景环境中，不同特性的具有认知行为的个体对当时周围环境的认知。托夫勒将情境定义为环境、场合、角色、概念和信息五大部分，同时主张用上树五部分解构分析情境。托夫勒对于情境的研究表明，情境是可以被认知的客观现实，是可以被认知的模型。人对特定的情境有了认知的过程，就可以根据认知结果，作出认知逻辑行为。交互设计就是针对用户行为的设计，研究人的行为逻辑有助于在交互设计领域开拓新的交互设计方法，有效提升用户体验。

用户对体验的期望不同，将情境与用户体验结合，基于情境与情境体验，利用用户体验的设计思想和方法，通过研究用户对于情境这一客观现实的认知结果，解构用户需求，设计出符合用户情境认知的交互系统，提升用户体验。情境是指在特定的环境中，有认知行为的用户对特定环境和场景的认知逻辑及认知结果。交互设计的要素是人、动作、工具媒介、目的和场景，其中场景可以看作是情境的重要组成部分，也是情境体验研究的核心。

（二）基于情境体验的用户需求

通过情境体验的理论方法研究用户在产品使用过程中对于情境的理性认知和感性认知，目的是挖掘用户的期望需求和用户痛点。用户对现实情境的需求是产品在解构用户需求阶段的依据，根据用户对现实情境的需求，帮助产品在交互设计阶段合理解构和整理用户需求，设计出符合用户情境体验需求的产品。可以降低用户对产品的学习成本，利用用户对情境的理性和感性认知设计出符合用户期望的产品。

1. 用户情境的认知

情境认知是一种解决学生在保持和概括知识时存在困难的方法。学习者使用概括的方法，有助于将知识从一种情境迁移至另一种情境。情境学习环境允许学习者在“需要的时候能复述有关的信息”心理学领域的情境是人对于记忆的重构，心理学中认为人的记忆是开始于特定的情境中，记忆形成以后并不是固定不变的，而是受到记忆的本体行为等影响不断发生变化，当用户需要提取记忆时，记忆会被重构，随之而来的是对记忆所处的情境的重构。心理学研究表明，记忆的重构取决于刺激重构的情境，即情境本身可以激发用户的记忆重构。记忆包含了特定时间和地点下特定情境的信息，包含了地点，时间和相关人以及个体经验。个体经验和用户的体验息息相关，情境也同样作用于用户的体验和感受。

情境是学习真实发生的环境、地点和场所。基于个人的经验，学习者能使用一系列的方法顺利的完成情境中的工作。正是有意义的资源和有目的的活动促进了问题解决，同时也促成了学习向真实情境的迁移。情境是可以被认知的客观现实，情境体验的核心是用户对于情境的认知行为和认知结果。人的认知行为根据获取途径的不同，认知行为通常包括“外显性认知”和“内隐性认知”两类。

情境认知的主要作用是允许学习者将新知识运用于真实的日常情境中。“学习是个性化的、内部的智力过程，在这个过程中，知识得以习得并且存储，以备日后自由地运用于任何环境之中”。为了达到这一点，将个人和环境联系起来很重要。情境认知鼓励学生动手去做而不仅仅是记忆一些事实性的信息，也鼓励高度组织的思维技能。同时，它也关注学生的进步。情境学习也提供了一个更加真实的方法，将独特的情境概念化。

2. 理性认知决定情境定位

人类的理性总是嵌入在具体、真实的情境之中的，并随情境的变化而变化。同时，每一情境又都是人类在特定时空下所发生的认知过程与人生体验。用户对情境的理性认知可以直观反映用户使用产品的目标和需求，用户对情境理性认知包括两大类，用户的认知情境和产品的情境定义。用户对于情境的理性认知决定了产品的情境定位，产品的情境定位由产品的核心功能、产品的特色和用户需求三方面组成。

产品的情境定位就是基于用户的认知情境需求和产品的情境定义中的用户目标、产品核心功能和产品的特色共同决定。

3. 情境定位确定用户需求

当今消费者购买产品，需要的不是产品本身，而是产品的使用价值，希望体验在使用产品时产生的某种情境。所以，工业设计的产品，除了基本的物质功能，然后是一定要包含“情”的。没有“情”的产品，不是好的产品。“情”灌注于设计，赋予了设计以灵魂。当一个产品被赋予了“情”，它就不再是一个简单的物质形态，它成为一个有思想的精神体，它可以和用户进行情感上的交流，它可以轻松的融入到人们的生活中间去，成为人的精神世界的有益组成部分。产品中的"境"是承载在产品物质形态上的虚拟场景，这个场景包括可以引起人们生活回忆的场合、环境、人物和事件，等等，能够触动人们情怀，"情"也就随之产生。比如，苹果电脑的设计，其圆滑的造型、透明的眩彩外观就是通过经验丰富的果糖设计师，通过研究生活趣味十足的水果糖情景得到的具颠覆意义的设计。完全改变以往电脑刻板、毫无生机的形象，传递出一种生动活泼、生机勃勃的生活趣味。所以在产品设计过程中，设计师必须要有情境思维，把"境"当作手段，把"情"作为目的，从产品本体向产品之外进行扩展，将产品与产品之外的环境一起研究，达到以"境"传"情"获得个性化产品满足个性化需求。确定产品情境定位的目的是在产品设计需求挖掘过程中，为解构用户期望需求划定方向和范围，更加清晰地和产品自身的设计出发点相结合，让设计既能满足用户的期望和需求，同时也能提升产品本身的价值。

产品的情境定位所包含的用户目标，是对用户需求的高度概括和总结，是用户使用产品的核心目的。用户目标在产品功能设计中有着举足轻重的作用，决定产品功能模块的设计。产品的核心功能是产品的核心价值，在产品的信息架构设计阶段，产品的核心功能就是产品信息架构的核心，也是其他信息层级定位的标准。产品的特色是产品区别于其他同类产品的特征和特性，可以包括产品的方方面面，比如新的交互方式，新的视觉呈现以及新的动效，新的信息等。这三大方面的共同特点就是符合目标用户群体的需求，以用户为中心展开研究和设计实践。产品情境定位的核心作用就是为产品的交互设计划定范围，是交互设计的范围层面。

4. 用户期望和用户痛点

感性认识是在实践的基础上形成的。从发生学的意义上说，人在劳动中不仅改造了外部世界，而且形成了具有特殊结构和功能的感觉器官。用户对于情境的感性认知可以看作是用户对于情境信息的深入加工，是将情境信息和用户自身特征和记忆同化理解的过程。

人们对产品的感知觉感觉与感性存在着一定的联系，在特定意义上来说，感觉世界就是感性世界。人们对周围的刺激和各种变化以及对这种刺激和变化的生物反应共同组成了人们的感觉世界。人们所感知到信息通过自身的感觉器官传送到大脑，此后知觉便随之而生了。用户对于情境的感性认知是研究情境认知的难点，用户本身的特征特点决定了其对于情境的感性认知结果的差异性，首先需要研究用户的特征，包括了用户的生理特征，性格特征和行为特征三方面。用户的生理特征是划分用户群体的基础特征，包括用户的性别，年龄，智力水平，理解能力，学习能力等。用户的行为特征是情境体验设计的核心，研究用户的行为特征可以设计出符合用户行为习惯的产品。用户的性格特征涵盖的范围较广，包含用户的人格特征以及脾气性格等，用户的性格特征对于产品的视觉设计具有一定的参考价值。

感性认知结果可以被划分为两大方向，积极方向和消极方向。积极的感性认知结果可以给用户带来积极的反馈，能够达到激励用户的目的，同时可以有效刺激用户继续使用产品，增加产品的用户黏度。消极的反馈作为感性认知的另外一个方向，需要设计师谨慎运用，更加灵活和多变。消极的反馈虽然带来负面的认知结果，但可以通过设计手段，将消极的感性情绪降低，通过视觉设计，在清晰的呈现消极的信息同时，达到一定的激励作用。能够引起用户感性认知的情境信息是设计师需要关注的重点，是设计反馈的核心依据。

基于情境体验的设计思想指导，构建符合用户情境体验需求的用户研究方法，目的是提升用户对于产品的情境体验。基于情境体验的用户认知行为，即为交互设计师提供挖掘设计需求的依据，同时也为设计师开拓了提升用户感性体验的设计方法。不同的设计师对于用户基于情境的感性认知研究结果不尽相同，这需要设计师深入到生活中，深入到项目中，对产品本身和生活有更深层次的理解，灵活运用情境体验的用户研究方法，才能开发出用户满意的产品。

第三节 设计客户需求体验

一、客户需求的体验创新

随着时代的不同，消费者对产品也会产生不同的见解，这就需要企业能够在不同的发展阶段，都能拥有一套明确的创新战略规划。我们从方太的产品创新的历程中不难发现，针对消费者不同时期对产品的不同需求。

现今，随着互联网、通信技术的高速发展，用户可以随时根据需求快速的查询和分享企业产品、价格以及服务等信息，并且通过对比而选择在消费者心里相应占优势企业。所以如何提高用户体验，同时又不浪费成本投入成为企业的压力。而融合新技术的呼叫中心出现，满足了在企业与客户联系过程中的响应速度以及快速解决问题的需求，能够很好的搭建统一售前、售中、售后服务平台，有效提高服务质量，但是现今呼叫中心系统还不算成熟和完善。根据调查显示，在面对更好的服务体验时，94%的客户愿意为其买单，用户体验、服务态度较差的企业会使 86%用户流失而选择其他品牌，其中不乏会有一部分人会因为较差的体验和服务态度进行传播，这种传播会直接影响另一些客户的选择。

不管是对客户的情感进行管理，还是为客户提供超预期的服务，企业都需要首先设计好适合于客户的品牌价值主张。有一句谚语曾说，客户需要的不是钻头，他们需要的是四分之一英寸的洞。

在这里想引用苹果 iTunes 和 iPod 如何打响品牌的案例。

苹果公司一路走来并不是一帆风顺的，产品开发及市场销售数度大起大落。苹果公司从 10 年前的低迷状态发展到今天的全面复兴，已成为一个标志性企业。其品牌实力部分来自公司创始人乔布斯 10 年前将公司从濒临破产挽救回来的独特故事，而其最大的活力主要来自它发明上的威望，公司多年来一直在世界最具创新力的公司中排名第一。从其 1977 年第一台个人计算机，1984 年的鼠标驱动视窗，2001 年的 iPod，到当前推出的 iPhone7，苹果一直走在时代前列。苹果在高技术产业领域并不孤立，在某些方面独树一帜，特别是能在用户中激发起宗教般的热情。

真正让苹果成功的是他们在项目开始前已经清晰地知道人们究竟希望什么样的音乐体验，而苹果得出的结论就是：人们希望通过简单、方便、正规的渠道获取他们喜爱的音乐。

其实在当时，MP3 播放器领域有很多的资深企业，不过他们主要把精力放在如何搞好自家的 MP3 播放器，而网上的音乐下载资源以及相关的法律手续则就是其他人需要去操心的了。不过对于苹果，他们为客户提供的绝不仅仅一个钻头，他们希望满足客户的需求，让客户与企业在交互过程中体验到满意，而从满意的体验角度来讲，一个 MP3 播放器只是客户获取音乐的媒介，真正帮助客户听到音乐才是苹果的目的。

不过这种愿景对于当时的苹果绝非易事。作为一个电脑生产企业来讲，不管是在音乐圈还是下载领域，此时的苹果都不具备任何的经验和资本。不仅是苹果，任何一家企业都明白，进军一个新的领域，他们必须获取大量的人力、物力、财力、信息以及时间等，而且苹果的愿景不仅要求其作为首个从电脑领域进军音乐圈的企业，同时还要求苹果作为首个在音乐圈与正规音乐下载领域进行协作的企业。这一系列动作已经远远超出了苹果现在所处的位置，而苹果所需要面对的也将会是扑面而来的各种问题。

在 2003 年，甲壳虫乐队签约的苹果公司就商标问题向苹果电脑公司提起诉讼。虽然最终法院宣判苹果电脑无罪，但我们仍然相信，当时苹果电脑公司的律师一定是一身的冷汗，因为只要 iPod 继续冒险进军这些领域的话，该类的诉讼肯定还将络绎不绝。不过面对种种压力，为了客户的体验，也为了企业的发展，苹果电脑公司仍然执着地走在这条路上。

当然面对今天上亿的音乐下载量，相信再也没有任何人会质疑当初苹果的选择。

在那个服务产品大幅度发展的年代里，苹果电脑算是抓住了机遇，成功地扩展了自身的体验范围。通过付出巨大的精力以及获取新资源的代价，苹果电脑公司终于从一家初步尝试通过客户体验销售产品的产品公司成功转型为一家销售体验的产品公司。

在苹果通过关注 iPod 的周边为企业带来扩张和转型的案例中，相信大家已经初步明白了如何考虑客户需求的思路，不过这也就引出了一个更为根本的问题，企业究竟如何才能正确地定位客户的需求呢?

在 iTunes 和 iPod 的案例中涉及到企业进行体验创新的多个要素，正是这些要素为企业的新生奠定了基础，同时协助企业管理者理解了客户的需求。

二、用户体验的设计原则

用户体验设计原则主要有：

（一）主次原则

很多事情符合二八原则，这一点在互联网上同样试用。也就是说，互联网上百分之二十的内容被百分之八十人点击，百分之八十的内容被百分之二十的人在意。这是因为信息（内容）的重要程度不同。那么在有限的页面空间中，我们该如何安排内容呢？这就需要好好地利用这里说的“主次原则”了。

具体做法就是把主要的模块放在重要的位置，次要的则放在稍不重要的位置甚至隐藏，正如现在很多互联网产品做的那样。

这一点之所以会放在第一条，个人认为是目前的网页出于设计美感、盈利（广告）还有其他方面的因素，将版面的可编辑空间控制得很小，高效利用空间成为头等大事。

（二）直接原则

在交互设计领域，有些设计师认为为了强调操作入口（按钮、文字框、文字连接）的明晰性，会选择性的将比较常用的按钮突出出来，他们称之为“强化重点，弱化周边”。

（三）统一原则

对于同一类型的事件，在设计交互时就应该给出同样的交互反应，这样不管是新手、中间用户还是专家都可以更快地适应或者更流畅使用产品，减少交互成本。举个例子，如果是用户输入信息不符合条件这类错误，可以用相同的提示形式将错误信息反映给用户。

（四）少做原则

“少做原则”指的是可以让用户少一些手动输入。由于输入会增加交互成本（用户掌握某项操作技术需要的平均时间），部分用户会因为他们不能接受过高的交互成本而放弃进一步使用产品。另外，也有一些特殊人群因为身体或者年纪原因而不能够进行过多的手动输入。为了减少以上两种情况的产生，产品设计者需要考虑到减少产品交互过程中的手动输入。

（五）反馈原则

用面包屑轨迹、鼠标状态（代码属性就是 onmouseover、onmouseoff、onhover...）或者状态跳转框来提示用户当前所处的位置。

（六）对称原则

在页面中，原本隐藏的模块被展开后应该也需要有对应的收起按钮，注意此句中的“原本隐藏”，个人认为这点是防止此原则滥用的关键因素。

客户体验是一种感官、情感、思考、联想、行为，就像电影、小说、戏剧和音乐一样，好的设计给人愉悦的情绪。正如品牌设计师斯普都迪（Sperduti）所言：一个品牌越知名，就越要确保采取个性化行动。重新包装一个公司品牌不只有一种途径，给客户提供新的体验，从细节处开始改变，给人们多个来你店里的理由，往往可以产生事半功倍的反响。例如有客户到酒店里去喝咖啡，发现咖啡杯是方形的，虽然方形杯子很好看，但是喝咖啡时很容易漏，这就要求以系统化体验设计思维为客户提供全程化、立体化、无憾化体验。

不同行业、不同企业都有自己的体验设计原则，如谷歌公司的有用、快速、简单、魅力、革新、通用、盈利、优美、可信、人性，而宜家家居则以简单、优美、人性为体验设计原则。正是牢牢把握了符合自身优势、个性与能力的体验设计原则，才有了今天的成功。

第四节 用户体验的愉悦性

一、用户体验分析

对于任何界面来说，保证产品功能和可用性都是最重要的前提。在此基础上，通过情感层面的设计原则和技巧使用户在体验过程中更加愉悦，这是将产品推向成功的重要手段。

近年来，视障群体越来越受到社会的关注，并且随着体验经济的到来，他们在追求产品能满足基本实用功能的同时，也希望产品能给自己带来更多不一样的愉悦体验。感官代偿产品设计正是从用户的感官机能出发，针对人群的特殊性，选择或强调某一种或几种感官代偿的方式，以期给用户带来不一样的体验。

（一）用户体验

用户体验设计是一项包含了产品设计、服务、活动与环境等多个因素的综合性设计，每一项因素都是基于对用户个人或群体的需要、意愿、知识、技能、经验、信念和观点的考量。这个过程是以用户研究为中心，从用户的角度出发，不仅仅包含用户对产品的认知、操控过程，还包含用户对产品和服务的主观感受。具体说来，用户体验关心的是用户如何从自己的角度去感受产品，强调个人体会过程中的生理反应以及心理感受。

（二）用户体验的“愉悦性”的评价价值分析

当前社会，人们所追求的不再局限于某些基本功能需求，而是一种“愉悦性”的情感体验。用户体验的“愉悦性”是当一个人达到情绪、体力、智力甚至是精神的某一特定水平时，意识中所产生的美好感觉。如果把产品的用户体验用“可用的”“易用的”到“愉悦的”这样的金字塔式的三个层面来表达的话，优秀的视觉代偿产品应该在满足用户可用性和易用性的基础上尽可能地实现最高层次——愉悦性的要求。只有充分把握用户的需求，产品设计才有针对性，产品才能够给用户带来愉悦的情感体验，才能得到用户的接受、认可和欢迎。因此，用户体验的“愉悦性”是产品设计的目的和不懈追求。愉悦性是产品用户体验设计的一个重要评价指标。对于用户而言：任何设计既要满足他的物质生活，更要愉悦他的精神生活：既要满足他的生理需要，更要愉悦他的心理需求。精神分析理论的代表人物马斯洛认为，人类的需要是分层次的，只有当最基本的需求得到满足后，人才会去尝试其他高层次的需求。

二、视觉代偿产品分析

（一）视觉代偿产品及其代偿方式分析

我们都知道第一印象的重要性。精心雕琢的界面可以在最短时间内给用户带来视觉上的“优雅”冲击。感官代偿是指当人的某些感官的感觉能力处于劣势时，其他的感官功能会相应地增强来对劣势感官进行补偿的现象。视觉代偿是感官代偿设计中利用听觉、触觉、嗅觉和味觉对视觉功能代替或补偿的一种设计方法。

任何产品为了在市场中脱颖而出，或多或少会在产品及设计中做些差异化的东西。这里的差异化是以用户场景为导向的，而非形式上的差异。研究表明，人们从外界获取的信息中 83.5%来自于视觉。视觉障碍人群虽然无法如正常人那样通过视觉来获取周围事物的形态、色彩等信息，但他们的听觉、触觉、嗅觉和味觉比普通人要灵敏，而且通常也有较好的记忆力。利用视觉代偿进行产品设计时，通常是通过触觉和听觉代替视觉，从而达到产品的“可视化”，方便视觉障碍人群。

视觉障碍人群的人体尺度与正常人没有区别，但是他们对外界环境的感知却不能像正常人一样依靠视觉器官，因此要强化视觉障碍人群的听觉、触觉和嗅觉信息环境，以利引导。

（二）视觉代偿产品的用户分析

眼睛的构造和照相机是一样的。我们眼睛里也有一个非常精细的器官——晶状体，它如同照相机里的调焦器，每天做着无数次的精细调焦运动，来保证我们能够随时看清楚远近不同距离物体。视觉代偿产品是面向视觉障碍人群设计的。视觉障碍人群是指在视觉上有不同程度的欠缺或不正常的人群。很多人误以为视觉障碍人群就是那些视觉残疾人，生活在黑暗世界中的人。其实，视觉障碍的范围很广视觉障碍人群中：一部分是视觉残疾，包括全盲、弱视、视力局部缺陷（如色盲、高度近视或远视、视力模糊、朦胧等）；另一部分是在弱光环境或是视力不便环境下的暂时性“残疾”的正常人；还有一部分是随着年龄的增大而造成视力欠缺的老年人。

三、以“愉悦性”用户体验为导向的视觉代偿产品设计

（一）提升视觉代偿产品用户体验“愉悦性”的设计方法的相关分析

产品的体验注重用户自身的亲身经历，而用户获取外界信息的媒介就是自身的感官，因此可以说产品的用户体验直接依赖于用户的感官系统。人体的感官就如同系统的接收器，将外界传来的各种刺激传送给中央处理器。当产品的各方面属性信息通过感官分别传送到用户的大脑时，用户会通过大脑中类似于中央处理器的部分对信息进行处理、整合，并作出反应，即形成用户体验的情感表达：愉悦的、自豪的、恐惧的、生气的……研究发现，决定是否注意并储存感官信息的是位于大脑中心的海马区。相关研究表明，海马区喜欢鲜明跳跃的信息，响亮的声音、绚丽的色彩以及粗糙的表面要比柔弱的声音、素淡的颜色和光滑的表面更引人注意。因此，提升产品用户体验的“愉悦性”的最直接方法就是增强其感官刺激，使其更容易被感知。

1. 触觉在视觉代偿产品设计中的应用及触觉体验分析

触觉可较为精细地分辨出事物的形态、质感、纹理、材质、大小等，当用户对产品的形象感知存在障碍时，触觉信息是其主要的代偿方式。例如盲文的应用。在2006年DEA比赛中获得“概念单元”金奖的三星TOUCH MESSENGER触摸式盲人手机，按键和屏幕均采用盲人点字法输入，这样盲人只需要用手触摸按键和屏幕便可发送和接受短信。当然考虑到视障用户的心理感受，为给用户带来愉悦的用户体验，这种专门为盲人用户的设计不是文章所提倡的。

为了给用户带来愉悦的用户体验，采用触觉作为视觉代偿进行产品设计时，需要考虑产品材料的质感以及操作性结构上特殊质感的面积等问题。

首先，产品的操作界面应该具有层次性。在距离相近的操作单元之间设计一定的高度差，或设计定位结构，方便用户触摸感知。例如键盘中间的F、J两个字母键上会有一个小小的凸起，用以手指定位，方便用户盲打。

其次，在材质上不同的操作单元之间设计成不同的肌理，可以在触觉上增加人对操作单元的区分度。例如，相邻按键之间可设计成不同的质感纹理，用户通过感知质感纹理的不同来区分按键的位置和功能等。

2. 听觉在视觉代偿产品设计中的应用及听觉体验分析

美国认知心理学家唐纳德·A·诺曼在他的《情感化设计》一书中提到音乐和其他声音“在我们的情感生活中起到一个特殊的作用”。听觉作为视觉代偿的另一种重要方式，一方面可以用语音信息提示，通过语言的描述来引导用户使用产品或服务。语音提示要考虑到语言的种类，语速等，确保给用户带来愉悦的体验。另一方面，用非语音对产品进行辅助和提示。非语音要求短促、清楚，主要是引起用户的不随意注意，说明操作成功与否。非语音一般可分为两类：乐音和自然音。例如，用悦耳动听的声音来提醒产品操作正确或成功，用尖锐急促的声音提醒操作失误，用不同的操作提示音区分不同的产品等。听觉体验是一种重要的感官体验，用户可以通过听觉来感知产品。适度声音提示可以传递给用户安全感，可以提出警示，可以使人身心愉悦等。

公交车刷卡机的语音提示就是听觉对视觉的一种待偿设计。不同种类的公交卡对应不同的提示音设计，可以使司机或售票员通过不同的刷卡声音与持卡者的比较来判断公交卡是否被混用，从而弥补了公交车的混乱环境下视觉信息的障碍性和局限性。

目前市面上的许多手机都可以根据来电对象的不同设置成不同的来电铃声，用户可以通过铃声就能判断来电者是谁。这一设计带给视觉有障碍或是不方便查看手机的用户一种很好的体验。意大利 Alessi 快乐鸟水壶就如名字一样，在壶嘴处的小鸟形象，当水烧开时，小鸟会发出清脆的口哨声。这样即使在隔壁房间，用户也能方便且愉悦地知晓水已经烧开。

3. 嗅觉在视觉代偿产品设计中的应用及嗅觉体验分析

将嗅觉作为对视觉的代偿方式运用到产品设计中，能给人以特殊的感官体验，是其他感官所不能替代的。要正确把握用户的嗅觉记忆或喜好，利用用户的某种特殊情感体验取得视觉代偿产品设计的成功。

例如，带香味的圆珠笔设计，方便色盲或其他弱光环境下视觉有障碍的用户轻易愉悦地选到自己要用的圆珠笔。嗅觉体验设计可以应用到食品的包装上，根据食品自身的味道制作而成的食品包装，方便视障用户和普通用户选择食品，给用户带来愉悦的体验。

对于视觉代偿产品来说，要通过增强产品的触觉体验、听觉体验、嗅觉体验以及多感官的联合体验，来提升产品体验的“愉悦性”。

（二）以“愉悦性”用户体验为导向的视觉代偿产品设计原则

为给用户带来愉悦的用户体验，在视觉代偿产品的设计过程中，要遵循一定的设计原则。

1. 以可用性设计理念为基础

基于“愉悦性”用户体验的视觉代偿产品设计遵循可用性设计方法，亦即要以实现视觉代偿产品的可学习性、高效性、可记忆性、可靠性和用户满意度为基本准则。因此，在设计过程中，首先从人生理、安全需求着眼，依据人体工程学、生物学等学科，分析用户的行为方式，掌握其运动规律，科学地展开产品的使用方式、按键造型、色彩搭配等方面的设计；其次，从人的社会性着眼，根据产品的消费群定位，对视觉代偿产品的形态感觉、材料质感、先进技术的运用进行合理有效的组合，为不同层次的用户设计令他们满意的产品。

2. 以用户心理体验为指导

用户在接触和使用产品过程中，都带着各种各样的情感和心理活动，而其表情、动作等所反映出的变化即是用户对于产品交互体验的心理变化和情感反应。视障人群作为残疾人的特殊群体，他们具有“孤独感、自卑感、敏感和矛盾感”等心理，一方面他们渴望得到帮助与交流；另一方面，他们又担心因此受到歧视与伤害。这反映出其渴望交流与尊重的心理。因此，在视觉代偿产品设计过程中，要以用户的心理体验为指导，以进一步改善和优化不同体验层次的用户心理体验和使用体验，达到设计体验模型与用户心理体验模型的协调一致，实现产品的非特殊化，即产品不带有明显的残疾烙印，以求带给视障人群良好的产品印象和使用体验。

3. 以情感化设计为目标

情感化设计属于产品设计的最高层次理念，在产品设计过程中，把情感融入设计中，使用户产生积极的情感体验，增加用户与产品之间的对话，让用户真正参与到产品所提供的服务中，让两者互动起来，给用户带来愉悦的体验。视觉代偿产品在情感方面的设计就是遵循人的情感活动规律，把握视障人群的情感内容和表现方式，用符合情感体验的视觉代偿产品，去求得视障用户在心理上的共鸣，产生愉悦的体验，唤起视障人群对新生活方式的追求。

视觉代偿产品设计面向视觉障碍人群，体现出对弱势群体的关怀，以实现给视障用户带来愉悦的用户体验为目标。它更加展现出一个好的设计在满足用户功能需求的同时，更要满足用户的情感需求。以“愉悦性”用户体验为导向的视觉代偿产品设计是能创造更多价值的设计思想和方法，体现着社会的进步和关怀。

第五节 客户需求信息管理与用户偏好分析

一、客户需求管理平台建设及应用

通信市场竞争日益激烈，价格越来越低迷，市场也逐步从价格竞争过渡到价值链竞争；客户需求呈现出多样化、差异化，客户对运营商有更高预期，注意力亦将更趋分散，选择空间更多，客户忠诚度维护难度加大；同时全业务竞争环境下，市场竞争格局更加激烈，对社会渠道资源的争夺也将会不断加大难度，企业的渠道成本与经营风险将大幅提升；而营销活动的频繁推出，对渠道的执行力与运营商的掌控力提出了更高的要求。

随着信息化项目进行过程中，需求分析与需求管理是十分关键的一个环节，也是对专业性要求非常高的工作。在建筑施工企业中，有些用户没有意识到需求分析的专业性，误认为可以凭借业务经验就能完成需求分析；有些系统开发商轻视了建筑施工企业需求分析的复杂性与特殊性，草率照搬其他行业信息化的需求模式，最后造成系统运行效果与实际业务需求之间差距太大，不能满足用户的要求，甚至导致系统失败。在建筑施工企业信息化建设中，不少项目失败的主要原因就是业务需求分析不准确，加上在项目实施过程中对业务需求管理失控。如何在施工企业管理信息化实施过程中做好业务需求分析与管理，首先必须澄清在这个问题上的一些误解，还要以正确的方法管理好业务需求，才有可能避免甲乙双方在业务需求问题上发生矛盾，避免项目因需求产生一些没必要的误会。

根据业务需求对信息系统建设起着目标导向的作用。在软件项目实施过程中，无论采用哪种开发模式，一般包括如下过程：需求调研、需求分析、系统设计或系统选型、系统调试、系统上线。不论项目大小、不论开发模式差异，这些过程是不可或缺的环节，只是表现形式与程度不同。不同行业在管理信息化需求上彼此存在较大差异。由于行业特性的原因，建筑施工企业管理系统需求中包含较多不确定性，技术与非技术性的问题常常混杂在一块，造成建筑施工企业管理信息系统的需求分析、需求管理比那些标准化基础好的企业更加复杂、更加困难。在建筑施工企业管理信息化实践中，存在以下一些需求分析及需求管理问题：

很多系统开发者将业务需求分析、业务需求确认的责任推给用户，认为用户是业务系统的使用者，最熟悉自己的业务系统，所以要求用户自己提出并最后确认管理系统需求。从专业的角度看将管理系统需求分析、需求确认的责任完全推给用户是不合理的。管理信息化的需求分析是信息系统设计过程中的一个十分专业性的环节，不能将这项任务推给不具备信息化专业技术的用户去完成。用户只能提出管理需求的一些原始素材，但无法提出真正管理系统的信息化需求。这一点如同读者可以向作家提供生活素材，但不能教作家如何提炼写作素材一般。用户自然也不能承担至少不能主要承担需求分析与确认的责任。开发者不愿承担用户需求分析与确认的主要责任也许是因为缺乏行业背景知识所致，也许是因为缺乏沟通能力或其他缘故。不管怎样开发者如果推却业务需求分析的责任，必将给系统实施埋下巨大的隐患。

有些用户在需求分析中坚持完全以用户为中心，认为提出的需求越多越好，提出的需求难度越大越显示自己有业务水准；有的用户在业务需求中将计算机等同于人脑，不了解系统实施中技术上的实施风险与难度，按人脑对业务的处理模式、习惯提出管理信息化的要求。这也是需求分析与管理中的致命伤。如果用户忽视管理系统的复杂性与计算机系统的专业性，任意提出管理需求，随意改变管理需求，同样也会给系统实施带来巨大困扰，甚至导致系统无法实施。也有用户完全放弃对需求的管理与参与，将需求分析、管理的责任完全推给专业公司，自己当甩手掌柜，将信息化项目视为类似某些“交钥匙”的工程项目一样。针对目前国内信息化市场实际环境，考虑到管理系统的差异性及系统实施中的时间、成本等约束性因素，这种看似超脱的做法将大大增加系统的实施代价与风险。

利用通用模式中的业务需求代替个性化的业务需求。通用模式来自对一些成功案例的总结，但是要注意通用模式产生的业务背景及其适用的业务范围。世上没有可以覆盖一切业务需求的万能通用模式。核心管理系统具有不可复制性。如果将电讯、金融等行业中应用效果很好的信息化管理系统直接引进到建筑施工企业，十有八九难以成功。原因就是业务需求不同。当然工具化的软件可以采用通用模式，如文字处理，一般电子表格处理等，管理系统由于企业管理差异化的原因很难采用通用业务模式。

分析以前失败的一些案例可以发现，建立系统时尽管所选用的信息系统在技术上、管理理念收那个是先进的、成熟的甚至是国际一流的，客户的管理水平也是无可非议，但是系统上线之后却不能实现预期的效果。从系统上线之日起，用户就抱怨不断直至系统终止。这些管理信息系统失败的主要原因是选用的信息系统产品中的管理需求模式与用户的实际管理需求模式不一致。如果强迫用户改变实际管理需求模式去适应系统无异是让用户削足适履。

大部分管理信息系统的需求分析都不是一件轻而易举的事，需要透过纷繁复杂的表象挖掘事物的深层本质规律，面向应用领域的需求分析涉及到计算机及应用领域专业背景两个方面的知识，需要比较高层次的复合型专业人才。建筑施工企业管理信息化需求由于业务的一些行业特性变得更加复杂。

任何建筑施工企业的主营业务具有离散性、单件性、松耦合、流动性、非标准、突发性的特点，工程项目点多面广，有些工程都在远离本部的异地进行生产活动，具有复杂的物流、信息流。建筑施工行业没有固定的、严格按确定流程控制的生产线。生产对象（工程项目）是按业主个性化要求专门设计定制，工程地点是变动的。在动态且伴随大量随机事件的业务过程中，管理业务会经常受到大量不确定性因素的影响。管理人员在决策过程中不仅仅依靠专业逻辑进行分析，同时也考虑业务过程中的非技术因素，如文化、传统、习惯、经验甚至人际关系艺术。受这种行业特殊性的深层影响，建筑施工企业的管理信息化建设不能简单照搬其他行业的信息化需求模式。且不提建筑施工企业的核心业务项目管理系统，那些看上去比较通用的管理系统如财务管理、人力资源管理、办公自动化等在建筑施工企业里也呈现出典型的不同于其他行业的业务特点。例如人力资源管理系统，在其他行业中人事与薪资二个子系统具有紧耦合的业务特点，但在建筑施工企业这二个子系统却是松耦合。如果信息系统设计时不注意这些业务特点，必然会在系统上线后，出现许多业务事务无法处理的问题。将其他行业已应用得比较成熟的这类业务系统应用到建筑施工行业十有八九达不到在其他行业里已有的效果。仅从一般性分析这些业务系统并不容易发现行业性的差异，还可能误认为只须建筑施工企业管理变得规范化，这类系统可以在建筑施工企业通用。建筑施工企业业务特殊性对信息化的需求分析提出了很高的要求。概括建筑施工企业管理需求分析主要困难有以下几点：

工程项目类型、施工环境经常变化，造成业务需求不稳定，经常发生改变。

工程项目基本按需定制，一次性完成，缺乏可复制性，难以抽象出共性的业务需求。

工程项目施工过程中伴随大量随机事件，管理业务经常受到大量不确定性因素的影响，造成业务处理过程过于复杂，在需求分析中很难把握。

行业标准化程度低，经验色彩浓，管理中包含大量非技术性因素，如文化、传统习惯等，难以转化为信息化需求。

面对建筑施工企业业务需求的复杂性与艰巨性，在管理信息化建设中，必须保持清醒的认识，高度重视业务需求分析工作，坚持从实际情况出发，坚持按客观规律办事，避免盲目照搬其他企业的业务应用模式。认真分析本行业的业务特点及计算机的特点，挖掘合理的需求，这样才能避免失败发生。无论用户还是开发者，在建筑施工企业管理信息化需求分析与管理中应注意以下几点：

不断加强行业研究，真正把握行业的业务特性与信息化需求的本质，除了掌握业务的共性之外，要特别认真对待业务的专业特性。这一点无论对专业公司或是企业用户都非常重要。

不断加强对信息技术的了解，在业务需求分析中，要注意计算机技术的局限性，不要把信息化的范围无限扩大。管理系统远比计算机复杂，有很多业务要求难以转化为可实现的信息化需求，不能用计算机去处理，该由人来做的事情还是交给人去完成。不要为了信息化而信息化，不要为了大而全增加无用的需求，从需求分析中把好控制风险第一关，滤掉对计算机来讲不合理的需求，将信息化做到实处。用户在这方面应该加强对信息化技术的学习与理解，避免在管理信息化实施中提出不切实际的需求，也避免被不切实际的信息技术产品所迷惑，提高防范信息化实施风险的能力。

要以实用的原则提出需求。需求不是越多越好，更不是难度越大越有价值。合理的需求是保证系统成功的前提。

要以务实的态度管理需求。管理中不确定因素较多，管理信息化系统是一个动态的系统，管理需求很难保证一成不变，预先确定的需求也不能肯定合理。在项目实施过程中，甲乙双方都应该以务实的态度面对需求的调整、变更，这样才可能实现双赢的结果。在项目实施中要根据实际需求变化，实时调整方案，事先要做好调整准备措施。当然需求变更也不能太随意，有时还要权衡需求变更的代价及必要性。

必须组建企业复合型人才队伍。需求分析与管理需要复合型人才。基于目前计算机市场特点和管理系统特有的复杂性，在信息化建设过程中，需求完全外包或完全自行分析的风险与成本较大，可考虑培养企业自己的复合型人才队伍，内外结合进行管理信息系统需求分析与管理，防范信息化需求风险，保证企业信息化建设长期稳定发展。充分发挥信息中心在需求分析、管理中的桥梁作用。专业公司计算机专业人员与直接用户之间存在专业上的鸿沟，在业务交流上非常困难，需要在这条鸿沟之间架一座沟通的桥梁。企业的信息部门应该起到这座桥梁的作用。因为信息部门熟悉企业的业务特点和文化特色，对企业的业务比较熟悉，对业务需求的把握比较准确；信息部门比一般业务部门对信息技术有更深的认识，比专业公司计算机技术人员对企业业务更熟悉，在信息技术方面接触的范围也比较广，对需求的实现难易程度给出比较合理的评估，能在业务和技术两者之间权衡一个平衡点；信息部门在项目实施中，更适合扮演协调业务部门和实施方之间关系的调停角色。在业务需求管理上能站在一个比较中立的立场上给出客观的判断；一般业务部门容易将业务信息视为部门所有，在业务需求分析中习惯仅从单个业务角度看问题。信息部门看待信息资源的视角更宽广，不会对业务信息产生私有化的欲望。信息部门更适合站在全局的角度统筹信息资源，消除信息孤岛，在需求分析中避免仅从单一业务需求考虑问题的局限；专业公司在面对用户业务需求问题上，受时间、资源、复杂的专业背景知识所限，在较短时间限制下将用户需求完全把握难度极大，与信息部门合作会减少走弯路的风险，节省业务需求分析的代价。

值得注意的是，在信息系统实施中业务部门会产生自己的业务领地被信息部门入侵的感觉，信息部门要把握好分寸，注意信息部门的职责是提供信息化手段及平台，协调好外部专业公司与业务部门的关系，同时注意在有关业务部门的具体业务上不要越俎代庖，这样才能得到业务部门的合作与配合。在对外合作中，涉及到深层专业技术问题，要学会尊重专业公司技术专家的意见，不可犯夜郎自大的错误。

有句话说的好“不识庐山真面目，只缘身在此山中”。我们面对每天都在做的工作，可能熟视无睹，未必就能看清它的本质。将我们的工作转换到计算机网络环境中去运作，必然会遇到很多不熟悉的问题。人不能生而知之，而是学而知之。在面对管理信息化需求问题上，切不可妄自尊大，自以为是。谦虚谨慎，认真细致，寻求专家的帮助，多了解别的企业用户成功和失败的经验，才能帮助我们避开信息化建设中虚假需求的陷阱。

利用平台门户网站、手机门户、语音服务平台和营业厅等资源，以问卷调查、暗访、外呼等方式搜集客户需求。通过电子化管理对信息采集的反馈数据进行快速汇总统计，提炼出既能体现客户需求又能提高产品和服务品质的可行性需求，进行分析、研究、实践和推广。

突出创新点：（1）实现各类需求信息采集的电子化操作；有效跟踪监控需求处理情况，提升处理效率；快速统计需求采集及反馈数据，缩短管理决策的响应周期。（2）需求网具有“多渠道，分类别，细挖掘”的特点，系统性进行客户需求收集、分析、处理的成功案例。

二、用户特征研究结果

（一）用户渠道偏好研究成果

渠道形式多样化。随着电信业务的发展，用户对渠道形式的偏好呈现多样化趋势。过去用户习惯于去传统的营业厅、代办点办理业务。但是随着互联网和电子商务的逐渐普及。网上营业厅，短信营业厅，自助式服务终端的形式越来越被人们所应用。热线也成为用户办理业务的另外一个重要渠道。可以更多地通过热线为客户提供有关业务受理、营销、咨询、申诉以及其他社会化的综合性服务。

研究主要从用户接触公司各个渠道为切入点，从用户与各渠道间交互的历史信息，用户联络时间的分布，接受服务的内容，咨询以及投诉的信息等方面进行研究，并结合时间的维度进行挖掘分析，建立起用户渠道偏好模型。

（二）渠道偏好评分

渠道偏好评分的原理是借用数据挖掘的决策树分类原理，计算出趋向某一接触渠道可能性，将客户以往相互关联又繁杂凌乱的各种涉及渠道接触表现的资料量化，以概率形式表述用户对各个渠道的依赖程度。

通过一份个人渠道偏好程度报告不仅打出个人的渠道偏好评分，还标示等级并给出比例。比如，按计算出的不同的概率值进行分档，将用户依赖某渠道的程度共分为分成 5 个等级：0 ~ 20%为基本不接触；20 ~ 40%为偶尔接触；40 ~ 60%为普通依赖；60 ~ 80%为较依赖；80% ~ 100%为依赖。同时，渠道偏好报告还给出每一等级用户的比例。

（三）用户信息内容偏好研究成果

这次研究根据用户使用公司的各类新业务产品以及服务功能入手，从用户选择的产品类型，使用产品的内容及频率，享受的客户服务，用户的影响力等方面进行研究，建立相关业务模型。主要分析客户对“新闻类”“商务类”“财经类”“体育类”“娱乐类”“生活类”“文化类”“游戏类”这八类内容信息的偏好程度。

首先，从分析客户显性特征上，我们制定了详细的业务经验模型。主要通过一些有明显内容信息承载的新业务来进行，这样的新业务包括：手机报、彩铃音乐、wap 网页访问等方面。然后，还包括从客户的语音通话、短信收发情况、GPRS 网站访问情况作为补充。通过分析用户对一些特定号码，比如娱乐短信的定购，每日笑话短信的定购等方面。将这些信息融合起来形成客户的内容偏好业务经验模型，用来分析客户的显性特征。

通过决策树挖掘模型，结合从显性用户的样本数据信息，来建立分析挖掘模型，分析出潜在的内容偏好特征用户。模型需要有反复的训练和验证。

将显性信息内容融合隐性信息内容的综合结果，就完成了整个的客户内容信息偏好打分。

（四）用户职业定位研究成果

须以用户为中心，从用户的特征角度将可能获取的数据进行进行归类整理，从用户的个人基本信息，使用语音业务，增值业务的使用习惯，活动场所的变化等方面对用户的职业进行刻画，建立相关用户细分模型。

根据用户的基本信息，从客户通话的时间，通话的地点，通话时长，长途漫游类型，对端号码的离散程度，新业务收入比重，使用 SP 服务类型，频次，用户通话基站变化情况等多方面去排列组合，根据用户的行为特征将用户区分不同的职业定位。本次主要分析客户中“学生”“商务人士”“外来务工者”“年轻白领”“低收入人群”“司机”这六类职业的特征偏向程。

在分析用户职业定位研究成果的过程中，根据不同的职业制定有针对性的业务经验模型进行打分判断。

（五）成果应用实例与前景

1. 支撑精确营销全过程

通过分析研究整个精确营销支撑全过程的情况后，我们发现，客户内容偏好，客户渠道偏好，客户职业定位可以在精确营销的三个关键步骤中进行有力的支撑。通过整个三个过程的应用，来整体提升精确营销的全过程。

2. 支撑渠道管理

将客户的渠道偏好也可以运用在支撑渠道管理相关应用中。通过对客户渠道使用行为的精确化了解得出的客户渠道偏好结果，可以为公司推广电子渠道，分流常规实体渠道压力的工作做出指导性借鉴。

（六）项目总结及展望

1. 项目成果总结

本项目通过一定的固化方法，成功的从客户海量通信行为信息中，总结出客户行为特征，并找到了具体的进行应用的方法。同时，形成的方法为下阶段进行后续的行为特征分析挖掘提供了一种良好的思路借鉴。形成的客户统一信息库作为一种经营分析信息应用的载体也已经初显成效。项目对如何从数据中，提炼出知识，最终服务于企业运营，发挥其应有的价值，提供了一条通用的思路，值得借鉴和推广。

2. 项目展望

除了已经开展应用的部分成果，此次对移动客户相关行为特征的分析和研究，其成果可以在今后的精细化服务，精确营销上做出长远的支撑。更重要的，通过对这三项移动行为特征的研究，经过适当的总结，我们可以找出通用的对客户行为特征分析挖掘的思路和方法。这样的思路和方法通过与经分系统数据仓库中海量数据的结合，能够在未来迸发出更巨大的力量。

三、用户偏好

用户偏好定义为用户在考量商品和服务的时候所做出的理性的具有倾向性的选择，是用户认知、心理感受及理性的经济学权衡的综合结果。日常生活中“偏好”这个概念被自觉和不自觉的广泛使用着，人们往往借助自己的偏好来辅助日常的相关决策，或者仅仅使用偏好表达喜好和倾向性意见方面的意向，而并不涉及到实际的选择。更多的情况下我们需要面对和处理更加复杂的偏好分析情况，比如条件偏好，也就是用户在做出倾向性选择和意向性判断的时候需要满足一定的条件和前提。

从哲学角度来看，最早的对偏好理论方面的描述可以追溯到古希腊的亚里士多德，他将偏好定义为主体在比较两种现象或状态相互之间的关系时所表现出的倾向性。而完整的偏好逻辑系统方面的理论则是由 S. Hallden 及 G.H. Wright 在二十世纪五、六十年代建立并发展起来的。在哲学领域所研究的偏好基本上是建立在认知主体充分理性的基础上的，对偏好的研究一直是哲学研究领域的重点。

偏好是现代微观经济学价值理论及消费者行为理论中的一个基本概念，在这里偏好表现为表现倾向性的消费选择的次序关系。显然的，偏好是主观的，也是相对的概念。偏好有明显的个体差异，也呈现出群体特征。偏好实际是潜藏在人们内心的一种情感和倾向，它是非直观的，引起偏好的感性因素多于理性因素。但是经济学中的经典消费者行为理论要求消费者是纯粹理性的，所做出的偏好选择也是理性的。通常情况下，偏好决定了作为个体的用户在一定的环境和条件下所采取的行为和选择。

对理性的定义和认识是研究用户偏好的一个关键。不同的学科多理性有着不同的定义和解读。心理学家将理性定义为“认知的过程”和“理智分析和判断的过程”，而将非理性定义为依靠感情及感性机制做出的选择；逻辑学中将理性定义为“推理的特定思考及决策过程”；精神病学将理性定义为“在神经系统和精神状态正常的情况下的思维方式”。而在经济学中对理性的认知一般包括两个层面:

1. 偏好具有内在的一致性和有序性；
2. 决策过程遵从个人利益最大化。

但许多经济学家对理性的理解都不一样。有的认为偏好的内在一致性与个人利益的最大化的结合不是必然和必需的；有的认为偏好内在的一致性和有序性本身就体现和包含了个人利益最大化；有的则认为只有在强调了逻辑成分时，理性才能够称得上为有价值单独讨论的特定的思想方法，同时，无论知觉、想象、试错等有着怎样的出色成果和表现，这类认知及主观活动都是被排斥在理性之外的。偏好内在的一致性和有序性其实为用户提出了很高的要求，其具体含义是用户能够做出对任意两个消费选择（组合）进行优劣或者倾向性的比较，这其实潜在的要求用户对该消费领域具有无限的认知能力和无限的判断能力。而消费的领域林林总总、千差万别，用户是很难达到这么高的要求的。因此一些人认为理性应该是基于“完全信息”做出的，这就有些过于理想化了。

基于用户偏好的研究不仅在心理学、行为学、经济学广泛深入，在经济活动中的应用也在不断深入。数据库营销、精确营销除了从用户基本数据进用户进行过滤筛选用户外，更通过用户行为数据对用户进行数据挖掘，分析用户特征，并根据用户特征对用户推荐匹配的商品。通过用户偏好进行业务推荐在电信行业、金融行业已应用多年。电信行为由于拥有海量的用户通信业务数据，对用户偏好的研究走在前列，一般通过对用户的长话、市话、漫游、SMS、MMS、彩铃、手机报等等业务使用和订购数据，分析出用户偏好，并据此建立预测模型，向用户推荐可能适合的商品。

互联网行业对用户偏好的研究和应用也在不断深入。互联网企业对用户行为的捕捉方式有三种：第一种通过用户网上的 COOKIS 信息获取用户行为和偏好，这种公司比较多；第二种是有专门的客户端软插件记录用户网上访问行为，如对用户访问的 URL 进行解析，分词匹配，如 WEBTRENDS；第三种是直接在网上进行答题，让用户答题了解用户行为，并通过用户在网内的一些固定动作如评分、推荐搜集用户行为，研究用户偏好。

第六节 用户体验测试评价的意义

一、用户体验测试

用户体验测试顾名思义就是测试人员在将产品交付客户之前处于用户角度进行的一系列体验使用，如：界面是否友好（吸引用户眼球，给其眼前一亮）、操作是否流畅、功能是否达到用户使用要求等。

如今，用户体验测试已作为各个企业所关注的流程，不过对于国内部分公司对测试生命周期的滥用和不完善理解导致整个测试过程都还在不断的改善、发展的路程，此时“用户体验测试”也随之显得更为不受重视。

众所周知，测试过程（中间可能随需求和开发的不断修改）会花费部分成本，用户体验测试也不例外（用户体验环境从时间耗时和资源上都能体现）。考虑实际收益，用户体验测试的设计需要慎之又慎，他需要对测试的目的、介入时间、测试的周期、场景、人员的选型都要做出深入的分析和界定。

有关用户体验测试的目的，我想大的概念应该都是基于用户第一而展开，针对不同软件在细节上的关注点会有所差别，能说他是介入时间、人员选型等其他设计内容的先决条件，其他内容的设定都将围绕他展开。

目前我们选择进行用户体验测试的一个非常重要目的是为了判定我们的产品是否能让用户快速的接受和使用，或更直接的说法是验证我们的产品是否会不符合用户的习惯，甚至让用户对产品产生抗拒。显然针对这一目的进行的用户体验测试介入时间一定要尽可能的早，试想如果在系统快要发布前才进行该项测试，非常可能因为在用户体验测试时发现页面结构不合用户操作习惯，或有些功能对于用户而言需要强化，或操作步骤过繁，在不推迟发布时间的情况下，此时对代码进行修改和优化，谁都知道这样的行为无疑是危险的。因此，较为合理的做法是当页面的 demo 定稿时我们就需进行用户体验测试，不过由于此时的测试是静态的，所以还不足以确保用户实际的操作感受，我们还需要在系统提交 功能测试后，当功能测试人员验证主流程已能正常流转，用户体验测试就能再次介入进来，此时的用户体验测试不必像功能测试那样关注细节的实现，更重要的是收集用户的操作习惯和使用感受。假使我们不必说明使用方法用户就能流畅的进行操作并且在操作过程中不会对操作习惯进行过多的抱怨，那么我们能认为系统的交互、设计是合理的，反之，我们就需要考虑作出相应的修改和调整。

二、狭义的用户体验评估

随着移动互联网的发展，以及运营商之间竞争的日益激烈，运营商需要把关注的目光从传统的网络 KPI 转向用户体验的质量，体验质量除了与业务质量有关，还和综合因素有关。因此运营商需要一种新的以用户体验为标准的评价方法。用户体验分为狭义的和广义的两个方面，狭义的用户体验只包含业务质量有关的因素，而广义的用户体验包括了品牌、资费、服务等各个方面。

狭义的用户体验是从传统的 QoS（Quality of Service，服务质量）发展而来的。QoS 是最广泛采用的度量标准，主要包括网络的时延、丢包率、吞吐率、抖动、误码率等指标。显然，这些指标仅能够反映服务技术层面的性能，甚至仅仅是网络传输层面的技术性能，而忽略了用户的主观因素。因此，QoS 当然不能直接反映用户对服务的认可程度。与之相比，QoE（Quality of Experience，用户体验质量）是一种以用户体验（通过用户评估获得）为标准的服务评价方法，能直接反映用户对服务的认可程度。

ITU（国际电信联盟）对 QoE 的定义为“终端用户对应用或者服务整体的主观可接受程度”。这意味着 QoE 是用户在与服务或者应用交互的过程中，产生的对服务的一种主观感受。QoE 有两个直接影响因素：用户和服务。用户在和服务交互的过程中，首先肯定是处于一定的客观环境中，而客观环境对用户和服务的交互过程具有较大的影响，因此有必要在 QoE 定义中阐明这一因素。综上，QoE 可定义为“用户在一定的客观环境中，对所使用的服务或者业务的整体认可程度”。

对这一接受程度进行量化，一般分为 4 个等级，每个等级分别对应类别量表、顺序量表、等距量表及等比量表。四种量表测试水平依次递增，其中等比量表级别最高，具有相等的单位和绝对零点，且测量值之间的比值也具有一定意义。因此，等比量表不符合 QoE 的特征，一般只采用类别量表、顺序量表、等距量表对 QoE 进行量化。

将 QoE 分为可接受（Acceptable）和不可接受（Unacceptable）两个级别，是最简单的 QoE 量化方法，即采用类型量表。该方法（以下称两类别法）不够精细，但是对用户进行评价来说非常方便，因为用户对这两种级别具有较大的辨识度。

用成对比较法（paired comparison）对 QoE 进行量化，获得等距量表级别的量化，也是一种量化方法。成对比较法的大致思路为：首先准备 N 个样本，用户对这 N 个样本进行两两比较并记录每次比较的结果（假设共进行 M 次比较），然后运用 Bradley–Terry–Luce（BTL）模型处理 M 次比较得出数据，从而给出每种样本的评分。

目前，较为广泛采用的是 ITU 推荐的 MOS（Mean Opinion Score，平均评估分值），即将 QoE 的主观感受分为 5 个级别（从 1 分到 5 分，分别为劣、次、中、良、优），这是一种顺序量表法，能够较为细致地描述用户的主观感受。

以上几种比较法中，应用最为广泛的是 MOS 方法。相对来说，两类别法虽然简单，但有些场景不能满足管理需求；成对比较法虽然精确，但工作量较大。

主观评价方法是让用户直接对所使用的业务做出评价的方法。它准确率最高，一般作为评价其他评价方法的标准。主观评价方法借助严苛的实验室环境，其方法虽然精确，但是无法直接应用到现网中。一是因为无法对测试条件进行控制，二是无法获取用户对每次业务的反复反馈。因此，主观评价法通常只适用于对一次业务的体验进行评估。要对综合的体验进行评价，最直接的办法是调研；现在越来越多的运营商采用调研的方式，获取对现网用户实际体验的评价。

三、广义的用户体验评估

广义的用户体验评估由于涉及到各个方面，影响的因素更加复杂；通常也是采用用户调研的方式获取量化的评估。被广泛接受的评估有两种：NPS（Net Promoter Score，净推荐指数）和 ACSI（American Customer Satisfaction Index，美国用户满意度指数），下面分别做具体介绍。

（一）NPS

NPS 等于推荐者所占的百分比减去批评者所占的百分比，即

NPS=（推荐者数/总样本数）×100%-（贬损者数/总样本数）×100%　（1）

例如：问客户一个问题——“您是否会愿意将‘公司名字’推荐给您的朋友或者同事？”根据愿意推荐的程度让客户在 0～10 之间来打分，然后根据得分情况来建立客户忠诚度的 3 个范畴：

推荐者（得分在 9～10 之间）：具有狂热忠诚度的人，他们会继续购买并引荐给其他人。

被动者（得分在 7～8 之间）：总体满意但并不狂热，将会考虑其他竞争对手的产品。

批评者（得分在 0～6 之间）：使用并不满意或者对公司没有忠诚度。

标准的 NPS 得分计算中，9～10 分的权重是 1，7～8 分的权重是 0，0～6 分的权重是-1。

NPS 计算公式的逻辑是推荐者会继续购买并且推荐给其他人来加速公司的成长，而批评者则能破坏公司的名声。NPS 的分值在 50%以上被认为是不错的；分值在 70%～80%之间，则证明公司拥有一批高忠诚度的好客户。调查显示，大部分公司的 NPS 值在 5%～10%之间。　　NPS 由于其简单的形式和理论上与营收之间的直接关系受到了一大批运营商的追捧，成为重要的考核指标。为了有效地管理 NPS，运营商通常还会进行辅助的调研，来获取 NPS 有关的因素，了解体验水平的决定因素。

（二）ACSI

ACSI 是用来描述客户满意度指数的一个模型，它是在早期的瑞典顾客满意度指数（SCSB）模式上发展得到的。通常将总体满意度置于一个互动互关联的因果

系统当中，这样不仅可以了解消费经过与整体满意度之间的关系，同时也能够指出满意度的高低对消费者消费带来的影响。

从数学上来看，整个 ACSI 的模型实际上是由多个结构变量构成的因果关系模型，变量之间的数量关系则通过经济学模型评估。一般地，ACSI 模型由 6 个结构变量组成，包括客户预期、感知价值、感知质量、客户满意度、客户抱怨以及客户忠诚度。实际上，这些变量是以客户行为理论为基础而选取的。每个变量的数据集则以实际的市场调研方式来获得，这是由于每个结构变量本质上是由一个或者多个观察变量构成，观察变量的数据样本通常是直接通过调研的方式来获得。

1. 客户预期（Customer Expectations）：客户在购买产品或者服务前，自发地对其质量和价值进行评估。相应的子观察量涵盖产品可靠性、产品质量总体预期以及产品的客户化预期。

2. 感知价值（Perceived Value）：相对于客户预期，感知价值是客户对服务或产品的质量价值联合可能获得的利益进行综合考虑后得出的主观感受。衡量感知价值的观察变量有“特定价格下的质量感受”“特定质量下的价格感受”。

3. 感知质量（Perceived Quality）：在客户购买了产品或者服务以后，通过实际使用产生的对其质量的主观感受。产品客户化（符合客户需求的程度）、产品可靠性感受和产品总体感受是感知质量的常见观测变量。

4. 客户满意度（Customer Satisfaction）：这个结构变量是客户满意度的直接体现，一般地，它是由计量经济学的变换而得到的。在 ACSI 模型中，客户满意度的观察变量包括实际感受和理想产品的差别、主观感受和预期质量的差别以及产品（或服务）的总体满意度。在这些观测变量中，占比最大的往往是主观感受和预期质量的差别，同客户满意度呈反比关系。

5. 客户抱怨（Customer Complaints）：客户是否抱怨是一个十分客观的事实，也因此，衡量这个结构变量的观测变量非常直接，那便是客户通过各种渠道正式或者非正式抱怨的次数。

6. 客户忠诚（Customer Loyalty）：客户对相应的产品和服务满意时，便会对该产品和服务产生忠诚度，这种忠诚度不仅可以表现为对该产品和服务的重复多次购买，也可以表现为客户的主动推广和宣传。相应地，评估客户忠诚度的观测变量有客户重复购买可能性以及客户对价格浮动的承受能力。

ACSI 体系拥有很多的优势，其中最大的优势就是跨部门、跨企业、跨行业的客户满意度比较。通常不同部门、企业、行业的客户满意度具有较大的局限性或者不可操作性，而 ACSI 在其衡量体系中提出了客户期望以及感知质量这两个结构变量，同时这两个结构变量又是直接影响客户满意度的前提因素。特别地，感知价值引入了价格信息，增加了跨部门、企业、行业之间的可比较性。ACSI 模型基于强因果相关的各组要素，往往可以通过较少的样本采集数来反映真实的市场情况，从以往的经验来看，ACSI 的模型调研样本数可以低至 120 个。需要特别指出的是，ACSI 模型建立的初衷是为了对宏观经济的运行状况进行监控，因此主要的应用场景是跨行业以及跨部门的客户满意度比较，不适用于具体企业的诊断知指导。

运营商在使用 ACSI 的时候，除了希望获得自己在行业中的位置，还希望在同一个框架下了解驱动用户体验的因素；因此通常将对某些具体方面（比如掉话、语音质量、上网速度、扣费的准确性等）的评价加入到问卷中，获取一个比较庞大的 ACSI 模型，从而指导实际的维护和运营。

主观的评估固然可以获取方方面面的用户体验评估，但毕竟与实际的管理和提升还有区别。不论是狭义的还是广义的用户体验，试图从调研中直接获取用户体验的驱动因素的努力，还没有非常成功的例子，这和用户反馈的局限性有关。更好的做法是将客观指标和主观指标进行关联建模，获取从客观指标中评估主观体验的方法，为原因追溯和提升打下一个客观的基础，这将是今后的发展方向。

四、用户体验的测试的开展

用户体验是互联网产品设计中很重要的一个环节；要如何推进开展用户体验工作呢，下面我将介绍下用户体验需要做的几个方面，通过这些步骤我们将能提升我们设计的产品，满足用户的需求。

（一）用户调研

设计用户体验调研问卷，包括用户基本网络行为、产品使用情况、用户态度、可用性评估、用户群背景等信息。可以通过在线问卷等多种方式大范围开展调研用户调研报告包括分析整理后的问卷调查数据，形成单项评估结论，包括用户群分析（用户行为、态度、背景资料、使用情况）、用户需求、用户满意度等。

用户调研的目的是帮助 交互设计师调查了解用户及其相关使用的场景，以便对其有深刻的认识（主要包括用户使用时候的心理模式和行为模式），从而为后继设计提供良好的基础

（二）用户访谈

1. 通过小范围访谈，收集用户的意见和在使用过程中可能存在的实际状况或问题，最后将分析结论汇总为用户访谈报告。

2. 好的设计人员一定是要是一个好的用户测试和访谈人员，做访谈时要以设计的思路去考虑用户所说的，用设计的发现眼光去发现用户所说的背后隐含的意义，并且要有强的逻辑思维去整理，并做出迅速的反应，即稳，准，狠。

3. 用户访谈的目的主要是辅助设计人员了解用户的使用习惯和使用背景。

（三）运营分析

1. 针对收集到的网站运营和用户行为数据进行分析，发现其中的规律，总结网站整体运营情况、用户群和行为模型，以及相应的用户体验指标，形成运营数据单项评估结论。

2. 分析对象以产品研发和维护、内容管理、公司客户销售和服务、用户管理服务为主，发现与用户体验相关的运营问题，比如组织、流程和工具、员工和能力、KPI、IT 工具维度分析运营中的问题等，并分析原因和给出改进建议。

（四）用户测试

1. 用户测试是观察典型用户使用产品的过程，最后在提交的用户测试报告中总结测试过程中发现的问题，并给出改进建议。

2. 制定用户测试的范围、评估标准、实施流程、人员安排和时间计划等实施用户测试，收集相关数据。

3. 分析整理用户测试结果，形成评估结论，主要包括现有网站的可用性问题及用户反馈。

用户测试的目的是测试产品而不是用户本身，以预测真实真实环境下用户可能会遇到的严重的产品问题。

用户体验工作还有许多可以做，在这里只介绍这么几个方法。所有这些最终还是需要认真切实的执行。在工作中不断的实践提升水平，以用户来驱动产品的设计。

第七节　用户界面的需求分析与设计原则

一、界面设计的分类和组成元素

（一）分类

1. 以功能实现为基础的界面设计。交互设计界面最基本的性能是具有功能性与使用性，通过界面设计，让用户明白功能操作，并将作品本身的信息更加顺畅的传递给使用者，即用户，是功能界面存在的基础与价值，但由于用户的知识水平和文化背景具有差异性，因此界面应以更国际化，客观化的体现作品本身的信息。

2. 以情感表达为重点的界面设计。通过界面给用户一种情感传递，是设计的真正艺术魅力所在。用户在接触作品时的感受，使人产生感情共鸣，利用情感表达，切实的反映出作品与用户之间的情感关系。当然，情感的信息传递存在着确定性与不确定性的统一。因此，我们更加强调的是用户在接触作品时的情感体验。

3. 以环境因素为前提的界面设计。任何一部互动设计作品都无法脱离环境而存在，周边环境对设计作品的信息传递有着特殊的影响。包括作品自身的历史、文化、科技等诸多方面的特点，因此营造界面的环境氛围是不可忽视的一项设计工作，这和我们看电影时需要关灯是一个道理。

（二）组成元素

计算机的键盘与鼠标这两个物理接口是人机界面中最为传统的组成要素，但这些却逐渐成为人机界面发展的局限性。因为人类无法通过键盘鼠标将信息数据自由的融入人类活跃的思维想象力当中，使得人类对人机界面产生疏离感。界面如何超越键盘与鼠标局限，进一步扩展数字系统和人类之间的界面，使数字系统真正进入人类生活，成为现阶段的界面设计研究方向。

1. 以动作作为界面。HenrySee 长期研究关于计算机信息组织能力的相关探索。他的作品《关注》Regard 强调了以动作为界面的装置作品，该装置建立在特定智能环境中，有一位正在看书的虚拟人物，通过访问者的动作能对这名“读者”的动作产生影响。该作品是通过参与者的动作对虚拟人物的影响，表现了的参与者既尊重又侵犯了这名读者的私人空间。索美与海格诺涅创作了一系列结合姿势追踪的装置。《植物转变》中，访问者的举动和身体形态影响着人工生物的种类。这是一个交互式环境，访问者进入这个虚拟空间可以看见自己用身体创造了一个虚拟花园。身体的姿势，活动范围直接影响虚拟植物的生长。

2. 以触摸与触感作为界面。克里斯塔·索美与梅格诺涅：《移动电话感觉》探索了陌生人分享个人信息的双重情感。大卫·思莫和汤姆·怀特开发了一个以水作为人机界面的装置《意识水流》，呈现了一个其表面浮动了文字投映的小瀑布，如果访问者尝试触摸这些文字将会使水和文字漾起小小的波纹：“你可以伸出手去触摸水流，试着隔断或者搅动文字，使字形产生变化，转化为新的文字，进入排水管，回到水流源头，然后再次流出。”

3. 以凝视作为界面。DrikLuesebrink 和 JoachimSauter 的《不可见》De-Viewer 以象征的形式探索了注视的力量，观众可以通过欣赏挂在艺术馆墙面的绘画作品，产生不同的变化。在绘画作品的后方隐藏了观众看不见的追踪器，实时追踪定位眼睛凝视的方向，即“眼睛追踪器”。当观众站在绘画作品面前，观众聚焦的画面会消散，并且在旁边的一幅画中显示了观众聚焦的眼神。当作品超过三十秒钟无人观察，画面即恢复原状。该装置作品通过以凝视作为界面使观众意识到无论他看向哪里，都是在用眼睛破坏影像。

4. 以呼吸作为界面。查·戴维斯 Char`Davies 创作了一系列用着各种有机物和地理景观的虚拟世界，这些虚拟世界与大多数虚拟现实环境差异很大，观众在他的作品中通过呼吸节奏在虚拟世界活动，由此“消除自我与自然之间的界限”在国际电子艺术大会 ISEA 的《渗透》展览回顾中，安尼克·布如德总结道："呼吸界面"对于一个作品将观众成功传输到虚拟世界具有重要作用。《渗透》这部作品使我们关系密切，当我们呼吸它与我们相互渗透；并且这幅作品依赖于观众身体，他们的基本活动（呼吸和平衡）对于理解作品本身是非常重要的条件。

二、界面设计要求和网页组成

以易操作性保证读者。交互作品的界面设计采用超媒体链接技术，将文字、图形、图像、声音、动画等媒介要素，进行编排，使之成为一个连贯的整体，呈现在一个复杂的交互系统中。界面反映的是信息的总和而并非单一的信息，倘若在提示、菜单和帮助产生相同术语，在不同的应用系统中应具有相似的界面外观、布局、交互方式及信息显示、界面设计要保持风格的一致性。用户便可以根据自己的认知经验，明白功能操作通过界面上的视觉暗示正确选择内容，在任何地点都能回到主界面或退出整个多媒体作品，因此每个操作对用户来说应是符合逻辑的用户能够较容易了解它要表达的信息与情感。

界面设计时需要首先考虑的问题。交互设计作为一种新媒体形态，必然要突出艺术的可视性本质，将新的艺术思想与理念融汇到作品当中，以此去吸引和影响用户。界面使读者打开交互作品时最先接触到的层面，通过可视化界面上设计者运用的前卫化的艺术符号，虚拟化的空间结构营造跳跃式的视觉效果，可以引起用户美好的情感沟通，使得其对设计者通过作品所传达的信息产生共鸣。界面设计的宗旨促进信息的传递以满足用户需求。当进行界面设计时，关键在于界面本身能否有效支撑交互，界面上的组件是为交互行为服务的，它可以很美，很抽象很艺术化，但不能以任何理由破坏作品的交互功能和作用。

在确定 web 界面后，需要进一步确定界面的组织结构。与传统媒体不同的是，网页界面增加了生动性和复杂性，强调由代码语言编程实现的各种交互体验式效果，但也使得在更多的页面元素排布及优化上值得网页设计者考虑。通常一个软件界面的元素包括界面主色调、字体大小与颜色、界面布局、交互方式、界面功能分布、界面输入输出模式等。网络的交互性如今已经成为网络界面设计中重要目标之一。为了能从设计的角度，更加提高网络的可用性，设计师们要全面的关注与了解用户的多元化要求及行为特征。依靠正确的方法能够更加准确的记录和实现多元化的用户要求，网络界面的设计工作首先从对用户的调查分析开始，针对用户的需求、用户心理分析、用户的网络常识、用户情感体验等分析直接影响用户使用的因素。在用户分析中要借助心理学、传播学、社会学等相关理论，以此分析在不同类型的用户中对界面不同的需要以及反应，为交互系统的分析设计提供可靠的理论依据和参考，使设计出的交互系统更适合于各类用户的使用。

1. 体现以用户为中心的设计。首先从对用户的调研开始、然后对用户建模、信息概念设计、网站原型设计到用户测试及方案实现，整个设计过程都始终围绕着用户进行，真正做到以用户为中心。保证用户界面运作的一致性是网页界面设计的重点之一。在主页列表框的设计中，如果双击其中的一项，使得某些任务完成。由此双击列表框中的其中的任何一个项，都应该有同样的任务完成。也就是所有窗口按钮的位置设计要达到一致性，提供的标签设计和信息要一致，颜色要一致。用户界面设计的一致性会使得用户对网络界面运作建立起精确的心理模型，以此降低用户培训和支持成本。在页面视觉传达上，从网站的主题内容和定位来决定需要与之前运用的元素保持一致。

2. 减少用户思考的设计。一般的短时记忆只能保持二十秒左右，最长不超过一分钟。在如此短的时间内我们能储存多少信息呢？答案是 7±2 即 5~9 个项目，平均为 7 个项目。可见，人在短时间内注意力是集中和少量的，基于识别的用户界面在很大程度依赖于用户所关心对象的可见性，显示太多的对象和属性会让用户很难找到感兴趣的对象。同时，用户经常重复性输入一些信息，如个人账号，安全信息，操作习惯，下次操作行为等，这些占用了用户完成其他重要任务的时间。

3. 明确体现网站的特色服务。用户界面要非常明确地体现网站的特色服务，安排最大的空间并且在最显眼的位置来摆放网站的最大卖点和用户最关心最常用培训系统，而其他用户也会感兴趣的渠道信息、最新共享信息版块和论坛板块等放在界面较显眼的位置。这些都是基本满足用户需求，以用户为中心的界面。

4. 迎合用户的习惯。迎合用户的习惯，主要为了让用户在操作中简单到极致。作为 1 个 Ul 设计人员，我们应当多的去了解用户习惯在什么地方寻找导航栏、习惯把哪部分作为网站的重点，习惯在什么地方点击注册、习惯在什么地方找搜索框、习惯点击什么样的按钮、什么颜色会加速用户的心跳、增强消费的冲动。由此，根据用户的行为习惯，对网站的整体布局进行重新策划，使得简单、简单、再简单、简单到极致，通过清晰的流程和界面，让用户减少对网站的思考以及寻找的时间；让准确的色彩和表述减少用户心理斗争的时间。通过不断地调研，用各种可用性实验来计算用户在每一个界面下所需思考的时间，然后，最好的页面设计的评判标准就是用户耗费时间最少的那个页面。

三、用户界面设计需求分析中要考虑的因素

用户界面是人与计算机之间的媒介。用户通过用户界面来与计算机进行信息交换。因此，用户界面的质量，直接关系到应用系统的性能能否充分发挥，能否使用户准确、高效、轻松、愉快地工作。所以软件的友好性、易用性对于软件系统至关重要。目前国内软件开发者在设计过程中很注重软件的开发技术及其具有的业务功能，而忽略了用户对用户界面的需求，影响软件的易用性、友好性。其

实用户界面是一个应用程序很重要的一面——它直接影响程序的使用价值。对于大多数用户来说，用户界面就是他们对一个产品的全部了解。所以对他们来说，一个内部设计良好但用户界面不好的应用程序就是一个不好的程序。一个应用程序的用户界面框架是决定它的商业价值的重要因素。

设计用户界面时，最好是先看看 Microsoft 公司的各种应用程序，我们不难发现里面许多通用的东西，比如工具栏、状态条、工具提示、上下文菜单以及标记对话框等。读者也可以凭借自己使用软件的经验，想想曾经使用过的一些应用程序哪些是好用的，哪些是令您满意的。说到底一句话：一个优秀的用户界面即是一个直观的、为用户熟悉的界面。界面元素符合大多数界面设计方案。用户在首次接触了这个软件后就觉得一目了然，不需要多少培训就可以方便地上手使用，而且用户在使用过程中甚至会获得愉悦快乐的心情。说起来很简单，可是在实际开发中，真正能够做到这一点却很不容易。本文认为要想设计优秀的图形用户界面，应该在软件的设计开始，也就是需求分析阶段就予以足够的重视，作者在此重点论述了用户界面设计需求分析要考虑的因素和设计优秀界面的一些常见的原则。

（一）界面元素

通常一个用户界面的元素包括界面主颜色、字体颜色、字体大小、界面布局、界面交互方式、界面功能分布、界面输入输出模式。其中，对用户工作效率有显著影响的元素包括：输入输出方式、交互方式、功能分布，在使用命令式交互方式的系统中，命令名称、参数也是界面元素的内容，如何设计命令及参数也很重要。影响用户对系统友好性评价的元素则有：颜色、字体大小、界面布局等，这种划分不是绝对的，软件界面作为一个整体，其中任何一个元素不符合用户习惯、不满足用户要求都将降低用户对软件系统的认可度，甚至影响用户的工作效率，而使用户最终放弃使用系统。围绕界面元素所要达到的设计目的是让最终用户能够获得美感、提高工作效率、易于操作使用系统。目前在界面元素的选择、布局设计等方面的研究进行得较多，内容涵盖了可用性工程学、人机工程学、认知心理学、美学、色彩理论等方面的探讨。

（二）用户角色

界面需求分析必须围绕用户为中心，不同于客观功能需求分析，具有很大的主观性[1]。虽然，界面设计人员可以按照通常的原则来设计，但是用户个体的文化背景、知识水平、个人喜好等是千差百异的，其界面需求也是相差很大。不同的用户，对软件界面有不同的要求，表达自己要求的方式也不尽相同。而且用户的界面要求通常不像业务功能需求那样容易明确、有据可查、又很难利用专门工具进行分析。多数用户往往并不能提出明确的、全局的界面需求，其需求同自身主观因素联系紧密，是模糊、变化的。调查用户的界面需求，必须先从调查用户自身特征开始，将不同特征用户群体的要求进行综合处理，再有针对性地分析其界面需求。因此这里引出用户角色这个概念模型。

用户角色是指按照一定参考体系划分的用户类型，是能够代表某种用户特征、便于统一描述的众多用户个体的集合。用户调查的目标是通过调查分析用户特征，将每个不能建立模型的单一用户归纳为集合，将用户集合定义为角色模型，同时赋予不同的优先级别，了解记录其界面需求。用户的需求调查和其特征调查即用户角色定义，往往同时进行。调查的方法有很多种，如直接交流、资料统计、焦点小组、卡片排序等。用户角色定义的原则是有代表性、同系统功能有关并有利于界面的需求分析。一个用户角色可能包括大量的用户个体，他们对于界面的要求可以按照一定的界面模型进行定义。在一个软件系统中，用户角色定义时所依据体系可以多种多样，一个单一用户可以属于不同参考体系下的不同用户角色，但是一个用户角色要求能够代表一种界面需求类型。用户角色通常可以分为两类：熟练用户和新手用户。

之所以要定义用户角色，是因为不同的用户角色在需求分析过程中的需求目标不同，侧重点也不同，甚至互相矛盾。只有明确了用户角色，需求分析人员才能在纷乱复杂而又不甚明了的用户要求中理出脉络，依据用户角色不同的优先级别，平衡众多用户需求中的矛盾，抽象出完整的 GUI 界面模型。不同用户角色对界面的要求体现在界面元素的属性上，界面元素构成用户界面。界面元素的属性不同，最终的界面风格就不同。用户需求是否在目标系统中得到体现，取决于实现用户需求所带来的成本、效益，并不是所有的用户界面需求都会体现在系统界面中。友好的目标系统应该是同用户的理想模型接近甚至一致的，因此需求分析最终应该充分明确用户的潜在需求，并将用户需求在目标系统中实现。在需求分析过程中用户面对的始终是感性的可视化的实际运行界面，因此界面需求的结果就是满足用户要求的目标系统界面。

（三）需求变化

我们知道用户对于界面通常只能提出基本的要求，而且提出的要求也不一定合理的，因此如何启发用户在项目进行中尽早明确自己的需求，是任何需求分析人员都会面临的问题。用户根据自己想象中的理想系统向分析开发人员提出自己的要求。开发方实现目标后交给用户，在系统实施运行后，用户将实际目标系统同自己想象中的理想系统对比，同时目标系统的使用会刺激用户修正想象中的理想系统，然后提出新的需求。由于用户界面的评审因素同用户的心理状况、认识水平有很大关系，所以对于用户界面，用户只有在使用过之后才能知道是否符合自己的操作习惯，颜色、字体等界面元素是否满足自己的要求，从而提出更明确的要求。

（四）界面原型

由于在软件开发前期，用户的界面需求很模糊，甚至没有自己的理想模型，用户提出的要求就很难量化，结果很容易被需求分析人员忽略。因此在用户角色定义完成后应用快速原型法来设计用户界面，可以帮助用户尽快完善自己的理想模型。利用界面原型可以将界面需求调查的周期尽量缩短，并尽可能满足用户的要求。快速原型法是迅速地根据软件系统的需求产生出软件系统的一个原型的过程，其主要好处是可尽早获得更完整、更正确地需求和设计。利用界面原型，用户可以感性地认识到未来系统的界面风格以及操作方式，从而迅速做出判断：系统是否符合自己的感官期望，是否满足自己的操作习惯，是否能够满足自己工作的需要。需求分析人员可以利用界面原型，引导用户修正自己的理想系统，提出新的界面要求。因此，界面需求分析的步骤可为：确定所涉及的界面元素，分析用户特征并定义用户角色，依据用户角色的界面需求设计界面原型并不断改进完善。

四、设计原则

在用户界面的问题上，东施效颦的做法比推陈出新更有效。软件系统已经发展这么多年了，每一类软件都有其流行的界面风格和设计惯例，既然不是每个人都能成为界面大师，笔者认为老老实实的照猫画虎永远不会错。根据笔者多年的经验，列出常见的在界面设计方面的原则供大家参考，相信这些原则对大家在设计用户界面方面能有一些帮助。

（一）简易性

界面的简洁是要让用户便于使用、便于理解、并能减少用户发生错误选择的可能性。“10 分钟法则”是一个评估系统是否简易性的标准（Nelson，1980）。

（二）用户的语言

界面中要使用能反应用户本身的语言，而不是设计者的语言。要用友好性、人性化的提示，言语要友好，减少用户的挫折感，语言是主动式而非被动式，富于提示和启发。

（三）记忆负担最小化

人脑不是电脑，在设计界面时必须要考虑人类大脑处理信息的限度。人类的短期记忆也是有限的。所以对用户来说，浏览信息要比记忆信息更容易。这也是用户为何愿意使用带有用户界面的应用而不是只用命令行的原因。

（四）一致性

一致性是每一个优秀界面都具备的特点。界面的结构必须清晰且所用的术语要保持一致，风格必须与内容相一致，界面的色调字体也要保持一致。

（五）利用用户的熟悉程度

设计的界面要充分利用用户对大多数应用的熟悉程度，帮助用户通过已掌握的知识来使用界面。其实窗口的布局、色彩的搭配、字体风格等方面处处模仿微软的是一个好办法，因为他们的设计都是遵守业界的标准或惯例。

（六）从用户的观点考虑

想他们所想，做他们所做。用户总是按照他们自己的方法理解和使用。在界面设计中采用以用户为中心的设计方法（UserCenteredDesign），让用户真正参与到界面设计当中来。在最终界面设计中体现用户的想法，是设计出让用户满意的用户界面的关键。

（七）排列分组

一个有序整齐的排列分组界面能让用户轻松的使用。如果您非要把“复制”和“粘贴”功能放在“工具”菜单项里就不合适了（应该放在“编辑”菜单项里）。在实际设计中同样可让用户参与进来，利用可用性工程中卡片分类的方法了解用户所期待的信息结构。

（八）安全性

用户能自由的对界面上的每一项做出选择，且所有选择都是可逆的。在用户做出危险的选择时有信息提示是减少用户错误的有效方法。

（九）人性化

高效率和用户满意度是人性化的体现。应具备熟练用户和新手用户两种界面，即用户可依据自己的习惯定制界面，并能保存设置。最好能设计出类似于 Windows 操作系统的自适应菜单项。根据用户的操作来判断是熟练用户还是新手用户即而给出适合于用户的用户界面。

以上是用户界面设计需求分析中要考虑的因素和一般应该遵循的原则。通常在设计界面时，还要充分考虑到用户的机器配置，在设计字体和图片时要注意分辨率的选择，这样才能使用户界面获得最佳的显示效果。在视窗技术飞速发展的今天，讲究程序的界面设计显得非常重要。这就要求我们在今后的学习与工作中不断积累经验，把我们的应用程序做得更好。相信上面介绍的用户界面的需求分析过程和常见的原则，会对大家在设计用户界面时有一些帮助的。

第八节 用户体验测试与评价的准则

一、用户体验评估分析

正如其名称所示，用户体验是一种纯主观的心理感受，存在着许多不确定因素和个体差异，想要精确地评估用户体验是一件不容易的事情之所以不容易，是因为：

（一）缺乏关于用户体验的标准

1. 关于用户体验的定义，目前始终飘浮在理论层面，缺乏明确的评估标准。

2. 不同产品对用户体验构成因素的侧重点也不同。

（二）缺乏有效地评估方法

1. 实验存在不确定因素，用户存在个体差异。

2. 大样本量的评估测试成本较高。

因此，为了能够精确评估用户体验，评估标准的创建应该注重实用性和可操作性，遵循以下几个原则：

（1）所有评估标准均可量化，能够提供详细的评估数据。

（2）评估标准是可以被实实在在测量和观察的，并且可再现。

（3）评估标准可以按照周期进行复查，验证特定期限内的改善情况。

（4）评估标准应当具备较好的结构效度。

目前对评估标准的研究可以划分为两大类：关注内容的评估标准和关注用户的评估标准。

（三）关注内容的指标体系

如 Nielsen 提出的 4 个新的可用性参数，即导航、响应时间、可信度（Credibility）和内容。此外，Agarwal 和 Venkatesh 提出针对网站可用性评价的微软可用性准则（Microsoft Usability Guidelines，MUG），其指标体系中包含 5 个维度：易用性、针对中等用户（Made for the Medium）、情感、内容和促动性（Promotion）。

受此影响，很多研究者提出了相似的观点，如 Turner 将可用性分为导航、网页设计、内容、可存取性、多媒体使用、互动性和一致性。部分学者还通过各种实证研究进一步分析了各项网站可用性指标的重要性。如 Monideepa Tarafdar 等人分析了现有网站可用性设计的指标对于网站的影响，发现网站设计方面的因素，如信息内容、导航系统的易用性、下载速度、网站可访问性等与可用性正相关，网站安全性和定制化程度则与可用性无关。

（四）关注用户的指标体系

就研究思想而言，这部分研究者更多从用户行为分析的角度考察网站可用性评估指标体系的构建问题，一些学者从理论层面对这一问题进行了一些探讨。如 Venkatesh 等人将技术接受模型（Technology Acceptance Model，TAM）引入可用性研究领域，认为任务的重要性和系统的用户友好性决定了用户接受技术的程度。此外，易用性、用户友好性和客户满意度等指标也被证明对站点可用性具有决定作用。

需要指出的是，将可用性指标研究划分为所谓关注内容和关注用户的两种取向，并不代表前者就不关注用户，后者也不关注内容，而是就这两类研究思想的出发点不同而言的。从具体指标的构成上看，两类研究的区别实际上并不明显。在实际工作中，还是需要根据所评价的具体产品的特征，概括出评价的指标体系，并通过评估指标体系中所包含的各项具体指标来达到评估系统整体的目的。

二、六大用户体验原则

USAA 是一家综合金融服务机构，当公司决定进行重组时正值经济危机，然而 USAA 的业务却一直在强劲增长，该机构已经成为用户体验方面的领跑者。USAA 的经验是让你重组公司架构，将每位员工都划归某位领导实行“沙皇”制管理吗？事实并非如此，虽然这种方式在正常情况下是行之有效的。但 USAA 给我们的启示是以一种商业策略的方式来实现用户体验，因此，你就需要改变你的经营模式。你需要从客户的角度出发来管理业务，并且你需要将这种方式规划到系统化、可重复、有纪律性的模式中。

据我所知，在许多行业中，用户体验方面的短板使某些公司无法成为业内的领导者。我们也了解到，很多公司因形成了用户体验生态系统并解决了存在的问题，或为公司节省了数十亿美元，或增收数十亿美元资产，或两者兼得。你也许通过综合查找与修复方式很容易就可以画出生态系统图谱，而你需要做的是让你的潜在可能实现最大化。

但是事实却并非如此。最终，你会希望通过改变员工的工作模式来打破这种查找与修复的闭环，因此，你可以在初期就避免这些问题的产生。你也会希望寻找一种方式来实现自我与他人竞争力的区别。要实现这些，你需要一个飞跃，需要从解决个案到实现提升用户体验的综合解决方案的飞跃，这种综合解决方案需要系统地设想、设计、实施及管理。

所有成熟的企业都运行着一套完整、标准化的用户体验系统，以提供高质量的服务。这就像是会计师事务所出版书籍为其他公司提供帮助或奉献力量一样；也像制造商，他们不需要每天早上起床之后开始考虑，如何在这一天生产出高质量的部件；同样，零售商的经验告诉他们如何保持供应量和库存；媒体的经验告诉他们如何让新闻登上网络、印制出版。这些都是已经成熟的业务。

企业希望获得高质量的用户体验，同样需要熟练运行一套完整、标准化的体系。构成这套体系的经验必须遵循六大原则：策略、客户认知、设计、测量、管理及文化。

弗雷斯特的首席分析师梅甘·伯恩斯回溯从 1998 年开始，弗雷斯特根据用户体验的各项研究成果，提出了用户体验的六大原则。她同时研究了在用户体验指数上获得高分的企业案例。“我的目标就是建立一个框架，总结出那些最佳的实践方式，让人们在这个领域中能够有最直观的认知，”她解释道，“这个框架会给在用户体验方面的新人一个对未来此领域的直观愿景，这是最真实的，但并不具有压倒性优势；而对于那些在用户体验之路上探索的实践者而言，这个框架会给他们提供一种调整组织架构的方式。”这些原则呈现了那些在用户体验方面始终保持优势的企业的经验。

（一）策略

策略是统筹全局的战略规划。建立起用户体验策略，需要一系列的实践规划，使其同公司的整体战略及品牌诉求相统一。将策略同员工分享，作为决策以及业务优先级制定的依据。

用户体验策略定义了预期的体验。Costco 是一家美国仓储式自选商店，客户在其中购物需要推着巨大的购物车，穿梭在堆满了大量昂贵商品的大型货柜之间。而在苹果商店的情况就大不相同了，在苹果商店里，客户的购物空间相对空旷，而当客户需要某件高价商品时，会有专业的店员给出意见，帮助客户选择适合自己的商品。对此，你很难说谁更胜一筹，但这是由公司的整体策略决定的：Costco 是一家成本领先的公司，而苹果的整体策略是创新。

策略的制定是至关重要的，因为它为你的用户体验设计、执行、管理和测量提供了蓝图。没有此类策略，你、你的员工以及你的合作伙伴都会对该执行何种体验迷惑不已——是像 Costco，像苹果，还是像其他公司一样呢？更糟的是，你可能会错误地搭配各个环节，让用户体验变得不伦不类，例如，你可能会让苹果商店的天才店员站到 Costco 的货柜中间，而客户对此根本不会在意，只会担心自己是不是还需要为这样的服务买单。

（二）客户认知

客户认知规则的制定，可以实现对于客户是谁、客户需要什么，以及在互动中客户对公司口碑的管理。换言之，客户认知可以将人们对于客户的猜测变为真实的、可实现互动的洞察点。

客户认知包括一系列调研实践，例如开展观察研究（假设消费者在自然环境下进行）、收集客户反馈（既包括主动反馈，也包括被动反馈）、收集来自员工与客户之间互动情况的信息。客户认知过程也包括在调研过程中对获得的信息数据的分析，还包括以一种便于理解和分享的方式，将你的调研结果同员工以研讨会等方式进行分享。

客户认知是用户体验环节中的基石。如果没有这个程度的洞察，你很有可能在尽心为客户服务的过程中惹恼他们。总部设在美国的 Geek Squad 是一家计算机服务公司，这家公司在与客户进行互动时，会根据客户类型制定不同的服务方针。如果这位客户是“吉尔”（Jill），一位生活在郊区的母亲，平时会用电脑上网获得一些日常的科技资讯。对她而言，技术就好似一条水管，而 Geek Squad 就像是一家管道公司，当她的水管出现问题时，她就会打电话给管道公司进行维修。

然而，Geek Squad 的客户也可能是“达里尔”（Daryl），他是一位科技达人，喜欢亲力亲为，而有时他也会因为一个科技产品的问题而进入困境。如果 Geek Squad 对待吉尔同对待达里尔的解决方式一致，那么后果将不堪设想。当 Geek Squad 的工作人员到达里尔家里进行服务时，他可以同达里尔畅谈最新的科技创新，而同样的话题对于吉尔来说，却是无聊透顶。

（三）设计

设计方面的实践经验可以帮助公司进行规划，并在后期实现与客户之间的互动，以满足或超越客户的需求。它涵盖了这个复杂系统的诸多因素：人、产品、接口、服务以及很多面对客户的场合，如零售点、电话，以及诸如网页和手机应用程序等新媒体。

设计会明确定义出交响乐团表演和地下乐队演出之间的差异。交响乐团表演是经过精心设计、排练来表演的——就如同那些领先的公司为客户提供的体验一样；而地下乐队则会随性表演，演出的质量高低不等——就像那些普通的公司所提供的服务，也许随着时间推移，我们就会停止与它们之间的交易。

设计方面的实践规则包括一个正式的设计过程，如根据从客户认知中获得的洞察将服务的重心放在满足需求上；识别出形成互动的人与流程，以及技术同生态系统之间的相互作用，要格外留意的是，在这个设计过程中，客户、员工以及合作伙伴都是其中不可或缺的一部分；运用迭代理念进行塑造、原型设计以及评估。

最初，设计可能会产生错误的理念，而过分关注改变用户体验中对客户而言重要的部分。但凭借来自客户、员工及合作伙伴的专业意见，会设计出全新的解决方案——它可以通过现实中更接地气的解决方式来避免失误。

凯文·彼得斯在欧迪办公进行了大量关于设计的实践。通过设想和定义客户所需的到店体验，欧迪办公建立起了“货架图实验室”（Planogram lab）——一间在南佛罗里达总部附近并不起眼的店铺原型。在那里，他带来了一部分客户，帮忙设计优质到店体验的雏形，后来，他又将这些设计带到实验室之外进行测试。从地面的空间大小，到货物在货架上的摆放方式，再到店员摆放货品时所站的位置，凯文将一切都进行了全新的设计。

（四）测量

测量实践为公司优化用户体验质量带来了系统性的量化标准，为员工和合作伙伴提供了有效的洞察。这是你如何将用户体验指标同诸如销量和专业度等传统业务指标对齐的方式。

这项量化用户体验质量的实践，包括选择特定的测量指标，继而定义这些指标中包含的各个部分，如团队、角色设置以及组织中的每个个体。

测量方面的实践可以帮助公司为员工和合作伙伴提供行而有效的洞察，包括：在现有的框架标准下，测量客户对于其体验的观点；收集描述性指标（如互动的时长，出现的错误）；分析用户体验指标在重要客户群体、任务（如获得的服务）或体验的某个方面（如工作人员的友好程度）体验质量差异的决定因素；建立用户体验质量的驱动因素（如效率）、客户观点（如容易性或可信赖度）同业务绩效（如销量增长）之间的关系模型；最后，同员工分享这些用户体验指标及模型。

这个环节在用户体验系统的构架中是尤其重要的，因为测量让公司了解到它的用户体验现状，发现提升的机遇，并随时追踪体验执行情况。它将点对点地联结起用户体验中的各个要素来提升体验，从用户体验的各项努力中获益。

科技巨头易安信公司（EMC）拥有一个复杂的测量框架。这个测量框架首先确定了影响客户忠诚度的因素，例如交易的便捷程度。其次，基于客户在整个体验过程中的满意度制定优先级。这会对易安信形成指导，什么是需要立刻修复的，什么可以慢慢来，什么可以维持现状，而什么又可以成为公司的竞争优势。

（五）管理

用户体验管理原则是一系列可以帮助公司以一种积极而有纪律的方式，对用户体验进行管理的原则。如果你的用户体验策略是你要实现的目标，那么管理原则则会提供参考和规则。它通过责任分配和工作流程的转化而实现。

关于责任分配相关的实践，包括了在组织内部将用户体验管理任务细分，通过加速各小组之间的合作实现既定体验的任务分包。

而关于任务流程的实践则包括：定义一组用户体验标准；将对用户体验的影响因素作为主要业务决策的决定因素；用户体验策略作为评估项目资金及决策优先级的要素；维护专门的团队执行用户体验提升项目；定期审查用户体验项目进程及标准；依据用户体验标准来评估员工的表现；根据实践中的变化积极调整会对体验带来影响的因素，如政策、业务流程、产品、技术以及其他系统等。

管理实践在整个用户体验过程中是必不可少的，因为它可以让每个人在用户体验生态系统中为自己所处的位置负责，并有助于将那些不良的体验拒之门外。管理实践同样为用户体验的提升建立了基础。

用户体验管理实践会从多个方面来约束人们对自己的工作负责，范围包括了执行监管，例如联邦快递的用户体验监督委员会，对一线员工每天的督促。

而流程管理则会促使对用户体验的关注渗透进每日的业务决策中。举例来说，加拿大邮政局要求所有提出资金需求的部门，回答 10 个在业务案例中以客户为中心的问题。这可以保证所有的领导者不仅仅考虑到自己的项目是否会影响到公司的收益底线，同样也会让他们深入考虑自己的项目将如何为用户体验带来良好的影响。

（六）文化

文化原则是帮助你创建出一个有共识的价值观和行动实践的系统，以促使员工创造出优秀的用户体验。或许，你可以认为这是一种当你不在现场时来规范员工行为的方式。文化规则的实践可以分为 3 类：聘用、社会化和奖励。

聘用实践包括对应聘者的客户中心价值观，以及是否具备公司的用户体验策略中所需技能的考察。这两者中，最重要的是价值观——如承诺全心全意为客户提供服务。我们经常会听到这样的说法“聘用的是意愿，训练的是技能”，这其实就意味着“教授某人一项技能,要远比改变他们的核心价值观或性格来得容易”。

社会化实践包括向员工、客户及其他利益相关方传递用户体验的重要性；训练新老员工在实现优秀用户体验实践中所需的技能；在员工之间分享用户体验的优秀案例；举办“仪式”和日常规定，强化用户体验的重要性。这些实践中，“仪式”和日常规定是最少却也是最有趣的部分。你可以在安普夸银行这样的公司中看到类似的实践，员工们每天都会被召集在一起进行 5 分钟的“激励时刻”，让他们轮流分享在同客户接触中得到的经验和教训。

奖励机制则是用户体验指标同常规奖励（如奖金、提升）之间的联系，利用正式的奖励和表彰来突出用户体验实践。而非正式的奖励机制往往是被忽略的部分，但是这种奖励制度却具有极大的激励性。举例来说，星巴克采用马克杯奖励个人。来自合作伙伴的奖励便是感谢你做出的“不寻常的贡献”。

文化原则或许是这几大原则中最强大的，因为它将其他五大原则深深印刻进员工的基因之中。迪士尼、Zappos（美国一家知名鞋子销售网站）、美国西南航空、丽思卡尔顿酒店（Ritz-Carlton）以及联邦航空的成功都源自其以客户为中心的企业文化。那是因为企业文化将卓越的用户体验转化成了一种习惯，通过建立用户体验生态系统，轻松应对此后的挑战和变迁，这便是用户体验领域中提升的良方。

掌握这六大用户体验的基本原则，需要付出时间和努力，但这种付出是必需的。这是客户的时代，你不会通过生产力、分配力或信息的把控力而成为胜者——因为这些已经都被商品化了。你也不会通过控制产品和服务的信息流而取胜。通常你的客户对于你的产品、服务、竞争者及价格了若指掌——这也不再是信息时代了。

如果你想在当今时代或在不久的将来获得成功，那么在此时此刻，你就需要卷起你的袖子，开始建立属于你的用户体验原则。或许对你来说，这有些危言耸听，可能会让你觉得可怕，但更可怕的是如果你不行动起来，你就会离你的客户越来越远。

不过也不必太过忧心，因为你的对手并没有意识到游戏规则已然悄然发生了改变。有人意识到了，但只是听之任之，而你所要做的是投身到这种变化之中。

三、十个用户体验准则

我们在设计网页的时候，不可忽略的重点是用户体验，如果没有用户体验，网页设计将会很简单没有多余设计技术，那么用户体验是一个非常广泛的词。一般的情况下，一个网页的成功与失败在于一个网站的实用性而不是视觉设计。由于页面的访问者是唯一点击鼠标的人，因此决定一切，以用户为中心的设计已经成为一个成功的标准方法和以利润为导向的网页设计。毕竟，如果用户不能使用一个特性，你的网页将是无效页面！

（一）不要让用户思考

很多人在设计网页的时候，喜欢把自己网页的栏目分类的非常仔细。并且栏目名称却不能够清楚的表达意思，当然那些大型网站只有建立许多栏目才能让用户更仔细的找到想要的，如果是小网站，就没有多余的意义来做这些了。比如以下设计，其实屋顶绿化和屋顶花园可以放置到同一个栏目下，立体绿化就是垂直绿化，完全可以放置到同一个栏目下，其网站现在的设计大大增加了用户的思考。

如果导航和网站架构不直观，使得用户更难理解系统是如何工作的以及如何从 A 点到达 b 点，并且一个清晰的结构，适度的视觉线索和容易辨认的链接可以帮助用户找到自己的目标。

（二）不要浪费用户的耐心

很多时候，那些人在设计用户体验的时候忽略了用户的耐心，比如网页打开的速度，大部分的网站都没有使用到网页压缩以及 css 压缩的功能，这些功能不但可以利于网站的打开速度。当然考验用户的耐心不仅仅是在打开速度方面，还有登入页面以及注册页面，看到很多网站在设计注册页面的时候，填写的资料非常多，在正常的情况下，用户均不会喜欢这样的注册方式，当然还有部分是必须要填写的资料，看看下面的注册页面的用户体验吧，显然填写的资料非常多。但是注册可以在 30 秒内完成，形成水平方向，用户甚至不需要滚动页面。

（三）控制用户的注意力

在设计网站的时候，用户的注意力需要我们自己来控制，当然前提是满足用户。比如一篇的，在正文满足用户的同时，我们可以在其他地方插入一些其他内容来吸引用户。

网站提供静态内容和动态内容，用户界面的某些方面会比其他人更吸引人。很明显，图像比文字更引人注目的——就像句子加粗比纯文本更有吸引力。

用户的注意力集中到特定区域的网站，使用一个温和的视觉元素可以帮助你的访问者从 a 点到 B 点不假思索的。访客遇到的问题，就越少 良好的方向感，他们会更加信任向公司网站代表。换句话说:越少思考需要发生在幕后，更好的用户体验，是可用性的目标放在第一位。

（四）争取特性暴露

现代网页设计通常由他们的方法指导用户视觉吸引力，大按钮的视觉效果等等。但是从设计的角度来说这些元素实际上不是一件坏事。 相反，这样的指导方针是非常有效的 他们带领游客通过一个非常简单的网站内容和用户友好的方式。

让用户看清楚看到功能是可用的，是一个成功的用户界面设计的基本原则。重要的是内容易于理解和游客感到舒适与他们与系统交互的方式。

（五）利于用户的写作

一个网页的设计，仅是一篇文章都需要精心的设计，当我们在编写一篇文章的时候，重要要看到一篇文章是否能够帮助到用户。

随着网络的快速发展，抄袭者也不断增多，同一篇文章同样思维的也非常多，那么我们就可以在文中增加多余的用户体验优势。比如一篇装修的文章，当第一篇文章写到装修效果图以及装修风格的时候，我们在有这个优势的同时可以增加装修的造价、装修的时间、装修的材料等。同时写作的时候不必要太多废话，说到终点即可！

（六）追求简单

或许你觉得你网站设计的好复杂，还在夸奖你的程序员是多么的有实力的时候，而实际你的网站却给用户一种厌恶感。

“保持简单”应该是网站设计的主要目标。网站上用户很少享受设计；此外，在大多数情况下，他们正在寻找的信息。追求简单而不是复杂。

从游客的角度来看，最好的网站设计是一个纯文本，没有任何广告或进一步内容块匹配的查询访客使用或他们一直寻找的内容。原因之一是一个用户友好的网页对良好的用户体验至关重要。

（七）不要害怕空白

很多时候我们在做内容页的时候，会出现一篇文章特别长，两侧均为空白，但是很多朋友看到这里，就在两边添加一些相关文章以及最新文章的列表。

其实真的很难高估空白的重要性。 它不仅帮助用户减少负荷，还可以感知的信息呈现在屏幕上。当一个新的访问者看到你网站的布局，他/她想做的第一件事是在最快的时间找到他最想要的内容。

（八）文章的视觉语言

在文章中传达视觉语言，亚伦马库斯三个基本原则参与所谓的使用“视觉语言”，即用户在屏幕上看到的内容。

组织：为用户提供一个清晰的和一致的概念结构。一致性、屏幕布局、人际关系是组织中的重要概念。同样的惯例和规则应适用于所有的元素。

节约：做最少的线索和视觉元素。四个主要问题需要考虑:简单、清晰、独特性和强调。 简单只包含最重要的元素进行交流沟通的!清晰：所有组件应设计，其意义并不模糊。独特性：最重要的属性应该区分的必要元素。强调：最重要的元素应该容易感知。

沟通：表示匹配用户的功能。用户界面必须保持平衡易读性，可读性，排版，象征，多个视图，颜色或纹理为了成功地交流而设置。

（九）按照惯例来做用户体验

传统的设计导致适用于传统，好比 win7 刚刚出来时，我们并不适用一样，所以我们在设计新的网站的时候，部分内容还是需要更具以往的设计来做。通常情况顶部左上角为 logo，下发为导航，这一点已经成为了用户的浏览习惯，我们完全可以遵守用户的惯例来做好用户体验。

（十）早测试，常测试

一个网站的用户不可能每一个用户都会非常适合，所以我们需要不断的测试，不断的更改我们的网站，这样的设计大部分都更 SEO 相关，我想 SEOER 需要做的就是这些事情了。

我们可以利用一些工具来测试我们的用户体验，百度热力图呈现出来的用户点击率覆盖率能够明显的告诉我们，大部分的用户都喜欢了哪些点击了哪些。

第九节 从用户需求定义产品设计

一、用户需求是产品设计的重要参考因素

当人们想要达到某种目的时，需求便产生了。比如一个人饿了，于是对食物产生了需求；当他看到一处美丽的风景，想把它永久的记录下来，于是对相机产生了需求。具体到产品设计体系中，用户需求就是当用户想要达到特定目的时，希望目标产品能够做什么。随着工业设计的发展，相应的针对用户的研究也取得了一定成果，但从已有的成果可以看出，用户需求远不是饿了吃饭渴了喝水那么简单，而是分为多个层次的。依据马斯洛的需求层次理论，可以把用户的需求划分为基本功能需求，生理和心理需求，主观情感需求三个层次：1.基本功能需求这是用户最核心最直接的需求，主要针对产品的物理功能而言，比如照相机要能拍照，电视机要能看节目。2.生理和心理需求这一层次包含了对产品适用性和有效性两方面的要求。适用性是从人机工程学的角度出发，考虑如何使产品的设计与交互等符合人的生理特性、适应人的特点；有效性是基于人类工效学的考虑，寻求使产品的操作方式、信息传达等符合人的认知习惯和理解特性，提高交互作

业的效率。3.主观情感需求用户在选择产品时，往往不只要求产品的基本功能，还要求产品的设计符合自己的价值观念、个性追求、生活习惯、社会地位等，能激发自己积极的情感反应。以用户需求为中心的产品设计方法在当前很流行，这种方法特别重视对用户需求的研究，从基本功能需求层次到生理和心理需求层次，再到主观情感需求层次，都逐一进行分析、深入了解。这一方法的核心思路是：用户对自己的需求有着清晰的认识，用户知道自己想要什么样的产品，为什么需要这样的产品，自己会怎样使用这款产品等，在弄清楚用户的功能需求、价值观念、个性追求、生活习惯以及社会地位等信息后，就能够围绕用户需求进行有针对性的设计，给用户自己切实想要的产品。如今，产品在基本功能方面的同质化现象越来越严重，用户开始变得越来越重视产品的设计是否符合自己的身份和性格特点，这就要求企业和设计师对用户的心理和情感需求有准确的预判和深刻的理解，挖掘用户表面行为背后的潜在动机，避免简单的功能叠加。企业和设计师对用户的心理定位越深入越准确，就越能接近用户最本质的需求，按照这些需求设计出来的产品就越能取得用户的青睐，进而取得商业上的成功。

以往的产品设计定义认为其目的是使产品对用户的身、心具有良好的亲和性与匹配。也因此，长期以来，产品设计一直被当作一种手段来为商业服务，它不断地刺激着人们的消费冲动，挖掘人们的潜在欲望。但当产品设计从满足用户需求走向满足用户欲望时，就成了塑造不可持续消费观念和生活方式的直接操纵者。不良企业为了获取更多的商业利益，就会利用设计来助长消费主义，刺激人的虚荣心，使消费者落入盲目消费的怪圈，进而导致纯粹浪费主义的消费泛滥，造成资源过度消耗、环境污染、生态恶化等发展危机。不过，从这一反面案例中也可以看出，产品设计能够影响和引导甚至改变用户的需求。我们对用户需求的来源进行分析归类可以得知，用户需求的来源主要有两个方面，一是用户自身，二是设计者的创造，依据这一点，产品设计可以分为优化型和创新型两类。对于来源于用户自身的需求，多是基于对已有产品产生的需求，比如用户需要一部手机或用户需要一部 iPhone 那样的手机，企业和设计师需要做的就是把握用户需求的具体内容，对现有产品做出优化或升级即可。由设计师创造的用户需求也不是凭空创造的，它是设计师对用户需求的根本动机进行分析后，提出的一个全新的解决方案，根据这一方案具体化的产品是对旧有的产品的创新再造，比如 iPhone 的出现就是对手机的重新定义。福特汽车的创始人亨利福特曾说过一句名言："如果听用户的，我们根本造不出汽车来，用户就是需要一匹快马。"从这句话可以看出，用户并不是不知道自己真正需要什么，而是基于已有的产品形成了需求上的思维定式：我想要更快的到达目的地，所以我需要一匹跑的更快的马。企业和设计师的高明之处就在于，能够跳出这种思维定式，发现表层用户需求下面隐藏的最纯粹的动机：更快的到达目的地。找到了问题的核心后，设计师们就可以发挥自己的创造力，提出全新的解决方案，于是，汽车出现了；也正是由于汽车的出现，现代人们才有了对于汽车产品的需求。在这个例子中，企业和设计师就是根据人们需求动机，创造了新的用户需求，取代了过去人们对于马的需求。

用户的需求是企业和设计师进行产品设计的重要参考因素，任何背离用户需求的产品必定得不得用户的认可，也就没有生存的空间。满足用户的需求不是产品设计的全部目的，设计是为了解决问题；企业和设计师要担负起各自的社会责任和义务，改变以刺激消费为主旨的商业主义倾向，需要通过产品设计来对用户需求加以正确引导，使其朝着理性、健康的方向发展。当今人类社会面临着可持续发展的难题，把用户需求和产品设计统一于可持续发展的主题，能够使设计师摆脱物理的器具设计的局限，站在更高层次的人类社会发展全局的角度，寻求社会问题的创造性解决方案，协调人、社会、环境等各方的利益。要实现人类社会的可持续发展，就需要变革人们的价值观和消费观。产品设计既是满足用户需求的工具，又可以用作引导和改变用户需求的手段，而用户的需求与其价值观和消费观是息息相关的，所以通过产品设计，可以间接的实现对人们价值观和消费观的变革，也就可以进一步推进实现人类社会的可持续发展。

二、设计阶段用户需求

以消费者为导向的设计已经成为一个成功的产品开发过程中的关键因素。消费者的需求不断变化，因此设计师需要更科学有效的方法在设计过程中充分融合消费者的想法，设计的产品才能更好地满足用户的需求。而用户的需求是通过产品属性实现的，目前在需求到产品属性的转化上，设计师和消费者存在认知的差异。通过借鉴方法目的链分析方法，建立设计师的用户需求转化为产品属性的认知结构模型，用户根据认知机构模型运用评分矩阵进行评分，从而得到设计师和用户在需求到产品属性转化上的共识，通过达成的共识指导设计

当前，产品设计提倡以用户为中心的设计理念，因此，设计要关注用户的真实想法。设计师在进行产品设计时应该结合用户的观点进行设计，这需要一种更科学有效的方法，将用户和设计师在需求到产品属性转化上的认知呈现出来，并找到设计师和用户在认知方面的共识，避免设计师通过自己的主观感受进行产品设计。本文的研究目的是得到一种科学有效的需求转化为产品属性的有效途径，以便于设计出满足用户需求的产品。

（一）方法目的链在产品设计中的应用

MEC 理论是综合产品属性、产品结果利益及价值的简单结构，可以有效地帮助我们了解消费者行为。在市场营销中方法目的链理论是研究产品属性，用户使用结果和利益以及价值之间的关系，以此来了解顾客是如何、为什么选购某种产

品的，产品设计中，用户的需求是受用户的价值观影响的，用户的需求必须通过产品属性来实现，将这种方法引用到产品设计中就可以回答如何设计产品以及为什么这样设计的问题，在进行产品设计时要以用户的需求为目标，产品属性与用户需求之间存在着很直接的相关性，产品设计的目的是满足用户的需求，用户的需求受用户的价值观影响，并且，用户需求的满足需要通过产品属性来实现，因此用户需求，产品属性和用户的价值观之间形成了一条关系链。在产品设计中借鉴方法目的链理论的研究方法，需要对原有方法目的链的结构进行改进，将使用结果层换成用户需求层，因为在市场营销中用户选购某种商品的目的是实现某种使用结果或利益，而在产品设计中，设计是为了满足用户的需求。

（二）用户需求到产品属性的转化过程

设计师关注用户的真实想法才能避免设计的主观性，才能使产品设计满足用户的切实需求，因此，在用户需求到产品属性的转化上应该更加科学有效。用户需求转化为产品属性的过程实质上就是将用户和设计师在需求到产品属性的转化上的认知进行呈现，并找到设计师和用户在认知方面的共识的过程。在产品设计中，借鉴联合模板技术，事先确定有关产品属性、用户需求和价值的列表。将思维导图分为价值、用户需求和产品属性这三层，因为在产品设计中，用户的需求是受用户的价值观影响的，用户的需求必须通过产品属性来实现，这三者之间存在着必然的联系。制定认知结构模型，通过进行结构性的，定性的认知导向研究，取得适用于产品设计的方法目的链，并制定指导产品设计的价值层级图。

模型的构建主要分为三部分，首先构建一个呈放射状的思维导图（价值-用户需求-产品属性）去呈现设计师有关产品的认知。其次，创建一个评分矩阵，通过为属性-结果和结果-价值矩阵中的一对元素之间的关系进行评估和赋值来给用户提供一个表达他们观点的机会。再次，设计师和用户之间认知的相似性和差异性将被区分开来。这样设计师可以了解他们的认知结构相比用户有着怎样的差异，同时，也可以得到设计师和用户达成的共识，并以此来指导设计。

1. 构建设计师的认知结构模型的步骤认知结构模型的建立是由设计师完成的，通过认知结构模型可以了解设计师对于产品属性、用户需求、价值之间的相关性的认识。

（1）建立编码——为了方便用户根据方法目的链模型进行评分和赋值，然后将收集到的价值、用户需求、产品属性、邀请 3 名设计师进行编码和分类，编码要采用数值编码的形式，编码的重点不在于关注各个要素，而是厘清要素间的关系，同时，编码所反映的内容必须清晰而全面。Gutman（1982）提出分类结果要由其他编码人员进行复检，从而保障其一致性。

（2）首先把设计主题这个关键词放在纸的中心，然后按照价值、用户需求、产品属性这三个层次从这个中心扩展其范围。

（3）主要的分支将扩展出各个较小的分支，只能标注一个关键词在各自分支上。

（4）所有较小的分支从主要分支中被扩展出来形成树状图；主要分支和较小分支的分支线粗细递减。

2. 建立综合关联评分矩阵建立综合关联矩阵是为了通过让用户评分的方式获得用户对产品属性、用户需求和价值之间的相关性的认识。通过矩阵，采用量化的方式实现被访用户的数据整理分析。有助于整合和量化消费者的认知取向，并以建立的矩阵来构建出价值层级图，简称 HVM，从综合关联矩阵可以看到，横轴和纵轴包含了所有的编码，而矩阵的每格都有自己的含义，表示在阶梯矩阵中产品属性层的各元素与用户需求层的各元素之间的关联程度，或者用户需求层各元素与价值层各元素之间的关联程度。

3. 建构价值层级图通过方法目的链模型和关联矩阵可以得到设计师和用户对于产品属性、用户需求和价值这三层中各个要素之间的关系的共识，得到需求转化为产品属性的方法。由此可以得到几条指导设计的方法目的链，根据所得方法目的链构建价值层级图，在层级图中所涉及的元素都可以采用编码内容作为依据，而连接的线条则以关联矩阵表中的连接顺序为主，价值层级图展现了产品的属性、利益和价值，在 MEC 中的整体关联关系。

（三）设计实例应用

以老年人个人移动通信设备为例，确定从用户需求到产品属性的认知结构模型，以实现用户需求到产品属性的转化。案例研究“老年人个人移动通信设备”详细解释了用户如何考究设计师所产生的想法，然后双方达成共识。在研究开始时，设计师使用思维导图构思，并确定由 26 项“属性”元素 13 项“需求”元素，和 5 项“价值”的元素构成的认识结构模型。然后，建立一个关联矩阵让被调研的用户对属性和需求之间的关联度进行评价，以此可以得到消费者和设计师对“老年人个人移动通信设备”的认知异同，以及它们之间的联动关系。最后，精简的价值层级图被用来表示设计师和用户达成一致认知的想法，并利用这些信息指导产品设计方针。

1. 确定从用户需求到产品属性的认知结构模型的三个层次

（1）价值是对特定行为或生活的终极状态的一种持续性信念，会影响个人的行为方式或生活目标。依据 Kahle（1983）所提出的 ListofValues（LOV）中的九项价值并参照马斯洛需求层次理论来确定价值，将价值确定为温馨的人际关系、满足自我、趣味生活、安全感和成就感。

（2）通过访谈法、问卷调查法、人物角色建模以及情景分析的方法确定老年人的用户需求层，得到以下用户需求层。

（3）通过评语分析法确定老年人个人移动通信设备的产品属性，本文根据在京东商城销售量排前3名以及销售量居后3名的6款老年手机进行属性的分析和获取。选择销售量排前3名的老年手机进行研究，可以获取使用户做出肯定决策的产品属性，选择销售量后3名的老年手机可以获取是用户做出否定的使用决策的关键属性。最后将这6款手机的产品属性进行综合，得到以下产品属性表。

2. 建立关于老年人个人移动通信设备的认知结构模型设计师运用思维导图建立关于老年人个人移动通信设备的认知结构模型，三位设计师使用思维导图的方法花了1.5小时，集思广益。在主要分支价值上收集的要素有“满足自我”“温馨的人际关系”“成就感”“趣味生活”和“安全感”。子分支被扩展为需求，并从这些子分支到下一级所产生的分支是属性。根据他们的个人经验和知识，以及分层和分类关键字的原则，设计师建立认知结构模型的过程来阐述他们对“老年人个人移动通信设备”的认知结构。

3. 进行认知结构模型的可靠性评价：邀请三位程序员中熟悉方法目的链和内容分析的人对元素进行分类和编码。再对编码信息进行可靠性评价。Wimmer&Dominick提出可靠性评价值要大于0.9，因此当评价大于0.9时设计师所建立的认知结构模型是合格的。可靠性可以通过以下公式获得：经过计算得出：可靠性计算所得数值大于0.9，因此设计师所建立的认知结构模型是合格的。

4. 问卷调查并分创建一个评分矩阵，同时，也可以得到设计师和用户达成的共识并以此来指导设计。具体流程为了干什么的。问卷收集：调查问卷（包括AD和DV），向用户发放问卷98份，收回有效问卷86份，回复率为88%。基于86名受调研者提供的数据建立一个整合后的含义矩阵。通过将矩阵每一个区域中采访数据求和除以采访人数可以计算平均组合值。计算合计AD矩阵每一小区域中的平均组合值公式如下：i是属性的数量，值为1到26；j是需求的数量，值为1到13；N是被访者人数，86人；平均组合值，值为1到5。根据86份问卷调查结果，获得关于属性A1–A26各个名词与使用结果D1–D13各个名词之间的各项评分的平均分矩阵和展示在认知结构模型，用灰色部分标记出来，这些代表设计师的认知。另一方面，参照尼尔森（1993）的研究，如果五点量表的平均值大于3.60，则意味着这个问题有一个“正”的值，用户认为两个元素之间存在重要的相关性。如果表中的数值是灰色底的加粗黑体字，那就代表设计者和消费者达到了正向一致；如果是灰色但不是加粗黑体字，那就代表是设计者的主观意见；如果是加粗黑体字但不是灰色底，就表示代表着消费者的主观意见；如果既不是黑体也不是灰色，代表设计者与消费者意见相反。

5. 得出方法目的链若设计师和用户在某一类需求类别、需求以及属性之间的关联程度上达成了共识，那么就能确定一条需求类别、需求和属性之间的关系链，以此类推，可以获得多条具有较强相关性的关系链。经过计算属性与需求，以及需求与价值之间的相关性，可以得到 14 条方法目的链，通过这 14 条链，我们可以清楚地知道各个产品属性与各个用户需求以及价值之间的对应关系。可以明确用户的需求是在哪种价值的引导下产生的，通过哪一种属性来实现需求。

6. 建构价值层级图通过方法目的链模型和关联矩阵可以得到设计师和用户对于产品属性、用户需求和价值这三层中各个要素之间的相关性的共识，从而得到需求转化为产品属性的共识。这些共识是通过得到的方法目的链体现的，因此，根据所得方法目的链构建价值层级图，层级图中所涉及的元素都可以采用编码内容作为依据，而连接的线条则以关联矩阵表中的连接顺序为主，价值层级图展现了产品的属性、利益和价值这些元素在方法目的链中的整体关联关系，这种关联关系就是需求转化为产品属性的途径，利用这些信息可以指导产品设计。

合理的用户需求转化为产品属性的有效途径，以便设计师设计满足用户需求的产品，实现以用户为中心的设计理念。结合市场营销领域中的方法目的链分析法，建立用户需求到产品属性转化的认知结构模型，通过用户参与，取得需求转化为产品属性的有效途径，可以更科学有效地指导设计。

三、产品用户需求分析

随着人类社会的不断发展，消费者需求也日益多元化。人们在追求产品功能属性的同时，愈加强调产品使用时不同的体验过程。产品开发的趋势必须向以消费者为中心的方向发展，所设计制造的产品能否充分反映消费者的需求已经成为产品成败的关键，如何成功获取消费者的需求成为设计出成功产品的当务之急。

（一）需求的产生

1. 需求的划分

需求可以采用二分法来简易划分。二分法即把人的需求分为物质需求和精神需求。产品设计是典型的先满足人们物理层次的需要，再满足心理层次的需要。二分法简洁明了，但相对于真实需求而言，却显得简单化，难以直接用于市场需求研究。

心理学家马斯洛进一步将人的需求划分为七层，分别是:生理需求，安全需求，归属和爱的需求，自尊的需求，自我实现的需求，认识和理解的需求，审美的需求。这种需求层次学说对于预测消费者行为和市场提供了参照。当人们的基本需求得到了一定程度的满足之后，必然产生高层次的需求并呼唤满足高层次需求的产品，如果得不到满足高层次需求的产品，消费者随之又会产生新的不满。

2. 需求的感觉适应现象和需求的产生

需求的产生是伴随着不满而出现的。人们都有这样的体验:对于一款产品的满意程度会随着时间的流逝而渐渐消释。消费心理将其称为“感觉适应现象”。由此，不少产品设计者会为消费者提供固件下载，以提供新的用户体验，满足因感觉适应现象所产生的新需求。另外，对于系列产品的设计，应保证设计的可持续性。如果当前产品所带来的效用远远大于换代产品，会对后续产品的开发设计造成极大的压力。如 moto v3 手机的过于惊艳所带来的 v 系列后续产品的低迷。因此，设计一定要从长远的眼光来看待消费者需求，无论产品设计的多么出色，消费者对产品产生心理适应现象是迟早要出现的。当大多数消费者的需求出现感觉适应现象时，就意味该产品进入了衰退期，新的消费需求也就呼之欲出了。

（二）需求的分析对象

界定分析对象，直接影响到产品设计的需求来源问题。一般而言，设计师可以从以下角度来进行需求对象分析。

1. 消费者角色

消费者是产品价值的最终实现者，因此，界定消费者角色具有重要意义。罗子明在其著《消费者心理学》中将消费者角色分为五种，即消费的倡导者、决策者、影响者、购买者和使用者。界定了不同的消费者角色就可以有针对性地为不同消费者角色制定产品和服务方案，为设计提供参考。比如儿童商品的消费过程，儿童属于消费倡导者和使用者角色，而家长属于购买者角色。设计师在设计这类产品时，不仅要满足用户的需求，而且还要满足购买者的需求。两大婴儿纸尿布品牌“帮宝适”和“好奇”的广告语，前者是“make moms happy”，后者是“make babies happy”，便是在消费者角色上做文章。通过转换消费者角色成功推出了新的产品设计，这在设计战略和需求分析上给予了设计师很大的启迪。

2. 非目标消费对象

一般而言，为维持现有用户群设计师会对用户偏好做进一步细分，而细分将造成产品目标市场的愈发狭小。为了探寻新的需求，设计师应该跳出传统思维的束缚，将眼光扩大到大量的非目标消费群，即潜在消费者身上。

根据距离现有产品市场的远近，可以将非目标消费对象分为三个层次。第一层:即将转化的消费者，位于现有市场边缘，随时准备改变选择。第二层:拒绝性的消费者，选择了目标产品的对立市场；第三层:未经开发的消费者，选择了其他互补性的产品和服务，位于其他市场。将非目标消费者纳入需求分析中，探寻这些消费者的共同需求，会给产品设计师带来意料之外的收获。从某种意义上说，电视游戏产品的成功正式提炼出了广大非用户的运动爱好和不足这一共同需求。

（三）需求的分析方法

为了确定产品设计的方向，新产品开发初期需要设计团队按照一些常用的方法进行一系列的市场趋势及消费需求分析。

1. 意向尺度法

意向尺度法是近年来设计界普遍使用的理性的市场趋势的分析方法，它借助实验、统计、计算等科学方法，通过对人们评价某一事物的层次心理量的测量、计算、分析，降低人们对某一事物的认知维度，并得到意象尺度图，比较其分布规律。

2. 情境分析法

情境分析指在用户使用情景中分析用户需求和操作的过程，从中发觉设计信息。由于产品并不具有固有的可用性，只具有在特定情景中才能确定它的可用性。情境分析是建立在角色模型的基础上的，是对角色行为方式特征在特定环境中的表现。

3. 效用图分析法

效用图分析法与情境分析法类似，属于过程分析，但由于它不局限于设计需求分析，因此具有简单高效的特点。在《蓝海战略》一书中，作者将消费者的消费经历划分为购买、配送、使用、修配、保养、抛弃六大阶段，并使用六个效用层面分别对每一阶段进行效用检测:效率、简单、方便、风险、乐趣、环保。对设计师而言，这是一种卓有成效的方法。

在当今企业，设计部门和市场调查部门各自为营，缺乏资源整合。而设计师由于在交叉知识上不具备系统专业性，对需求分析也就有所局限。在新的市场环境下，设计师的设计观应立足全局。只有从大处着眼，从小处着手，才能抓住真正的消费者需求，设计出经得起市场考验的产品。

参考文献

[1] 尼克.马洪.《创意思维》[M].北京：中国青年出版社，2012.09.

[2] 罗建.《设计要怎么思考》[M].北京：电子工业出版社， 2011.09.

[3] 黄厚石，孙海燕.《设计原理》[M].南京：东南大学出版社，2005.8.

[4] 潘萍，杨随先. 《产品形态创新设计及其评价体系研究现状与趋势》[J].机械设计.2012（5）：13 ~ 19.

[5] 李安平.《创新设计构思模式》[J].北京联合大学学报（自然科学版）. 2012（3）.

[6] 骆雯，邓学雄，赖朝安.《基于有向相似性联想的产品创新设计思维方法》[J].工程图书学报，2009（5）：45 ~ 49.

[7] 张鲁海，李彦，李文强，熊艳.《面向创新设计的专题知识库构建与应用》[J].工程设计学报，2012（8）：242 ~ 247.

[8] 白晓宇.产品设计创意思维方法[M].重庆：西南师范大学出版社，2008.

[9] 刘美华.产品设计原理[M].北京：北京大学出版社，2008.

[10] （英）东尼·博赞.思维导图系列丛书[M].北京：中信出版社，2009.

[11] 董君.利用思维导图进行产品创新设计[J].家具，2011（04）.

[12] 比勒费尔德·贝尔特，埃尔库里·塞巴斯蒂安.设计概念[M].张路峰，译.北京：中国建筑工业出版社，2010.

[13] 张凌浩.设计符号学[M].北京：中国建筑工业出版社，2011.

[14] 陈岩.论产品设计中“设计概念”的隐喻性[J].包装工程，2013（4）.

[15] 唐林.产品概念设计基本原理及方法[M].北京：国防工业出版社，2006.

[16] 杭间.设计的善意[M].南宁：广西师范大学出版社，2011.

[17] 李霞. 传统文化与工业设计[J]. 河北企业，2015（5）. [2]罗凯. 传统文化对现代设计的影响[J]. 读书文摘，2015（14）.

[18] 潘林. 基于用户知识的产品需求层次研究——以老年卫浴产品设计为例[D]. 华侨大学. 2014. P31.

[19] 钱海燕. 产品设计与传统文化的传承与引入[J]. 大众文艺，2015（15）.

[20] 秦厚威. 传统民间美术与当代设计艺术的融合[J]. 遵义师范学院学报，2015（1）.

[21] 王国光，胡海亮. 传统工艺产品的传承与发展[J]. 科学导报，2015（6）.
[22] 罗子明.消费者心理学第 3 版[M]. 北京:清华大学出版社，2007.
[23] 李乐山. 设计调查[M].北京: 中国建筑工业出版社，2007.
[24] [韩]W.钱 ·金， [美]勒妮•莫博涅. 蓝海战略[M]. 上海: 商务印书馆，2005.